全国高等院校应用型创新规划教材·计算机系列

计算机应用基础(Windows 7+Office 2010)

王洪丰　华　晶　唐　琳　主　编

肖仁锋　吴小惠　副主编

U0350836

清华大学出版社
北　京

内 容 简 介

本书共有 8 章，基础部分分别介绍了计算机基础知识、Windows 7 操作系统的使用、文字处理软件 Word 2010、电子制表软件 Excel 2010、演示文稿软件 PowerPoint 2010、计算机网络基础及安全维护、常用工具软件的使用；项目实践部分介绍了 3 个综合实训项目，包括财务图表的制作、学生档案查询系统、茶文化演示文稿，通过三个实例综合练习可以轻松将前面基础内容融会贯通。

本书内容丰富、层次清晰、通俗易懂、图文并茂、易教易学，注重知识性、基本原理和方法的介绍，更注重上机实践环节。

本书适合作为普通高校、大专院校和成人高等教育非计算机专业基础课的教材使用，也可作为各类计算机培训班的教材和自学参考书。本书配有电子课件、习题答案，并提供素材下载，以方便教学和读者使用。

图书在版编目(CIP)数据

计算机应用基础(Windows 7+Office 2010)/王洪丰，华晶，唐琳主编. --北京：清华大学出版社，2016
（2017.1重印）
(全国高等院校应用型创新规划教材·计算机系列)
ISBN 978-7-302-41669-2

Ⅰ. ①计…　Ⅱ. ①王…　②华…　③唐…　Ⅲ. ①Windows 操作系统—高等学校—教材 ②办公自动化—应用软件—高等学校—教材　Ⅳ. ①TP316.7 ②TP317.1

中国版本图书馆 CIP 数据核字(2015)第 237784 号

责任编辑：汤涌涛　李玉萍
封面设计：杨玉兰
责任校对：王　晖
责任印制：何芊
出版发行：清华大学出版社
　　　　　网　　　址：http://www.tup.com.cn, http://www.wqbook.com
　　　　　地　　　址：北京清华大学学研大厦 A 座　　　　邮　　编：100084
　　　　　社 总 机：010-62770175　　　　　　　　　邮　　购：010-62786544
　　　　　投稿与读者服务：010-62776969, c-service@tup.tsinghua.edu.cn
　　　　　质量反馈：010-62772015, zhiliang@tup.tsinghua.edu.cn
　　　　　课件下载：http://www.tup.com.cn, 010-62791865
印 装 者：三河市春园印刷有限公司
经　　销：全国新华书店
开　　本：185mm×260mm　　　印　张：18.25　　　字　数：433 千字
版　　次：2016 年 1 月第 1 版　　　　　　印　次：2017 年 1 月第 2 次印刷
印　　数：2001～3500
定　　价：38.00 元

产品编号：066053-01

前　　言

如今已经进入了信息网络时代，掌握和熟练使用计算机是一项必备的基础能力。高等学校计算机应用基础课是各专业学生的公共必修课，与此同时，在最近一两年内，不论是企业还是政府机构，已经将正确操作计算机当成是一项必备技能，主管部门不再安排特别的培训，而是要求所属员工在工作之余自我学习。因此，作为新时代的我们不能不掌握计算机这门课程。

本书从实用角度出发，系统讲述理论知识，并以实际软件案例作为例证，这些软件都是目前使用最多也是最流行的，本书正是基于这些软件的最新或最适合的版本进行讲解的。

本书共分 8 章，内容包括计算机基础知识、Window 7 操作系统的使用、文字处理软件 Word 2010 的使用、电子制表软件 Excel 2010 的使用、演示文稿软件 PowerPoint 2010 的使用、计算机网络基础及安全维护、常用工具软件的使用和项目实践。全书内容全面，教学任务设置合理，读者在学习过程中能够融会贯通、举一反三，逐步精通，成为实战高手。

本书主要有以下几大优点。

◆ 内容全面。本书几乎覆盖了所有的计算机应用基础知识。

◆ 语言通俗易懂，讲解清晰，前后呼应。书中以最小的篇幅、最易读懂的语言来讲述每一项功能和每一个实例。

◆ 实例丰富，技术含量高，与实践紧密结合。每一个实例都倾注了作者多年的实践经验，每一个功能操作都经过技术认证。

◆ 内容结构设置合理，版面美观，图例清晰，针对性强。每一个图例都经过作者的精心策划和编辑。只要仔细阅读本书，你就会发现从中能够学到很多知识和技巧。

本书主要由德州学院的王洪丰老师和江西农业大学的华晶老师编写。王洪丰老师多年来一直从事虚拟现实和数字图像处理方面的学术研究工作，先后在各级专业刊物上发表学术论文十余篇。他同时主持校级课题 2 项，参与山东省自然科学基金项目 2 项、市科技局科技项目 1 项。此外，他还参与了教育部 2014 年与百度公司校企合作专业综合改革项目《信息素养应用能力培养研究——基于课程地图的分析视角》(项目编号：2014-B313)，本书的编写引入了该课题的研究成果。

其他参与本书编写或技术支持的还有唐琳、肖仁锋、吴小惠、张林、于海宝、王雄健、刘蒙蒙、李向瑞、荣立峰、王玉、刘峥、张云、刘杰、罗冰、陈月娟、陈月霞、刘希林、黄健、黄永生、田冰、徐昊、温振宁、刘德生、宋明、刘景君、张锋、相世强、徐伟伟、王海峰等老师，在此一并表示感谢。

在本书编写过程中，尽管集合了多位老师的智慧结晶，并且精益求精，但由于作者水平有限，书中难免存在疏漏或错误之处，希望广大读者批评指正。

编　者

目录

第 1 章

计算机基础知识

本章要点：

- 计算机的发展史、特点、应用和分类。
- 计算机数制和编码。
- 计算机指令和程序设计语言。
- 计算机硬件和软件系统组成。
- 微型计算机硬件系统和性能指标。
- 如何组装计算机。
- 如何识别计算机硬件。

学习目标：

- 掌握计算机相关基础知识。
- 掌握数制和编码的内容。
- 掌握各种进制数之间的相互转换。

1.1 计算机概述

计算机俗称电脑，其英文名是 Computer。它是一种能高速运算、具有内部存储能力、由程序控制其操作过程及自动进行信息处理的电子设备。目前，计算机已成为我们学习、工作和生活中使用最广泛的工具之一。

1.1.1 计算机发展简史

计算机系统由计算机硬件和计算机软件构成。计算机硬件是指构成计算机系统的所有物理器件(集成电路、电路板以及其他磁性元件和电子元件等)、部件和设备(控制器、运算器、存储器、输入输出设备等)的集合；计算机软件是指用程序设计语言编写的程序，以及运行程序所需的文档、数据的集合。自计算机诞生之日起，人们探索的重点不仅在于建造运算速度更快、处理能力更强的计算机，而且在于开发能让人们更有效地使用这种计算设备的各种软件。

1946 年，美国宾夕法尼亚大学研制成功了电子数字积分式计算机(Electronic Numerical Integrator And Calculator，ENIAC)，如图 1-1 所示。此台计算机结构复杂、体积庞大，但功能远不及现在的一台普通微型计算机。

ENIAC 长 30.48 米，宽 1 米，占地面积约 170 平方米，它有 30 个操作台，约相当于 10 间普通房间的大小，其重达 30 吨，耗电量 150 千瓦时，造价 48 万美元。它包含 17468 个真空管、7200 水晶二极管、1500 个中转、70000 个电阻器、10000 个电容器、1500 个继电器、6000 多个开关，每秒执行 5000 次加法或 400 次乘法运算，计算速度是继电器计算机的

图 1-1 电子数字积分式计算机 ENIAC

1000 倍、手工计算的 20 万倍。

ENIAC 的诞生宣告了电子计算机时代的到来，其意义在于它奠定了计算机发展的基础，开辟了计算机科学技术的新纪元。

在 ENIAC 的研制过程中，美籍匈牙利数学家冯·诺依曼总结并归纳了以下 3 个特点。

(1) 采用二进制：在计算机内部，程序和数据采用二进制代码表示。

(2) 存储程序控制：程序和数据存放在存储器中，即程序存储的概念。计算机执行程序时无须人工干预，能自动、连续地执行程序，并得到预期的结果。

(3) 计算机的 5 个基本部件：计算机具有运算器、控制器、存储器、输入设备和输出设备。

从第一台电子计算机诞生到现在，计算机技术以前所未有的速度迅猛发展，经历了大型机阶段和微型机及网络阶段。

1．大型计算机时代

人们通常根据计算机采用电子元件的不同将计算机的发展过程划分为电子管、晶体管、集成电路，以及大规模、超大规模集成电路 4 个阶段，分别称为第一代至第四代计算机。在这 4 个阶段的发展过程中，计算机的体积越来越小，功能越来越强，价格越来越低，应用越来越广泛。

1) 第一代计算机(1946—1958 年)

(1) 主要元件是电子管。

(2) 内存储器采用水银延迟线，外存储器采用磁鼓、纸带、卡片等。

(3) 运算速度为每秒几千次到几万次，内存容量仅为 1000～4000 字节。

(4) 计算机程序设计语言还处于最低阶段，用一串 0 和 1 表示的机器语言进行编程，直到 20 世纪 50 年代才出现了汇编语言。但尚无操作系统出现，操作机器困难。

(5) 主要用于军事和科学研究。

(6) 体积庞大、造价昂贵、运算速度慢、存储容量小、可靠性差、不易掌握、维护困难。

(7) 代表性的机型为 UNIVAC-I。

2) 第二代计算机(1958—1964 年)

(1) 主要元件是晶体管。

(2) 大量采用磁芯作内存储器，采用磁盘、磁带等做外存储器。

(3) 运算速度提高到每秒几十万次，内存容量扩大到几十万字节。

(4) 应用已扩展到数据处理和事务处理。

(5) 体积小、重量轻、耗电量少、运算速度快、可靠性高、工作稳定。

(6) 代表性的计算机是 IBM 公司生产的 IBM-7094 机和 CDC 公司的 CDC-1604 机。

3) 第三代计算机(1964—1971 年)

(1) 主要元件采用小规模集成电路(SSI)和中规模集成电路(MSI)。

(2) 开始采用性能优良的半导体存储器。

(3) 运算速度提高到每秒几十万到几百万次基本运算。

(4) 主要用于科学计算、数据处理以及过程控制。

(5) 功耗、体积、价格等进一步下降，而速度及可靠性相应提高。

(6) 代表性的机型为 IBM-360 计算机系列。

4) 第四代计算机(1971 年至今)

(1) 主要元件采用大规模集成电路(LSI)和超大规模集成电路(VLSI)。

(2) 主存储器采用集成度很高的半导体存储器。

(3) 运算速度可达每秒几百万次至上亿次。

(4) 应用领域不断向社会各个方面渗透。

(5) 体积、重量、功耗进一步减小。

2. 微型计算机的发展

1971 年，世界上第一片 4 位微处理器 4004 在 Intel(英特尔)公司诞生，标志着计算机进入了微型计算机时代。

微处理器是大规模和超大规模集成电路的产物。以微处理器为核心的微型计算机属于第四代计算机。通常人们以微处理器为标志来划分微型计算机，如 286 机、386 机、486 机、Pentium(奔腾)机、Pentium II 机、Pentium III机和 Pentium 4 机等。微型计算机的发展史实际上就是微处理器的发展史。微处理器一直遵循摩尔(Moore)定律，其性能以平均每 18 个月提高一倍的高速度发展着。Intel 公司的芯片设计和制造工艺一直领导着芯片业界的潮流，在宏观上可划分为 80x86 时代和 Pentium 时代。

1) 第一代微型计算机

1978 年，Intel 公司推出了 16 位微处理器 Intel 8086，1979 年又推出了 Intel 8088，其集成度是 29000 个晶体管，时钟频率为 4.77MHz。它的内部数据总线是 16 位，外部数据总线是 8 位，属于准 16 位微处理器；地址总线为 20 位，寻址范围为 1MB 内存。

1981 年，IBM 公司用 Intel 8086 芯片首次推出 16 位 IBM PC(个人计算机)。1983 年又推出了 IBM PC/XT 机，使微型计算机进入一个迅速发展的实用时期。

2) 第二代微型计算机

1982 年，全 16 位微处理器 Intel 80286 芯片问世，其集成度为 13.4 万个晶体管，时钟频率达到了 20 MHz，内、外部数据总线均为 16 位，地址总线为 24 位，寻址范围为 16MB 内存。1984 年，IBM 公司以 Intel 80286 芯片为 CPU 推出 IBM-PC/AT 机。

3) 第三代微型计算机

1985 年，Intel 公司推出全 32 位微处理器芯片 Intel 80386，其集成度为 27.5 万个晶体管，时钟频率为 125MHz/33MHz，内部和外部数据总线都是 32 位，地址总线也是 32 位，寻址范围为 4GB 内存。

4) 第四代微型计算机

1989 年，Intel 公司又研制出新型的个人计算机芯片 Intel 80486。它是将 80386 和数字协处理器 80387 以及一个 8KB 的高速缓存集成在一个芯片内，其集成度为 120 万个晶体管，时钟频率为 25MHz/33MHz/50MHz。80486 机的性能比带有 80387 协处理器的 80386 机提高了 4 倍。

5) 第五代微型计算机

1993 年，Intel 公司推出 Pentium 芯片，这是一种速度更快的微处理器，被称为 586 或

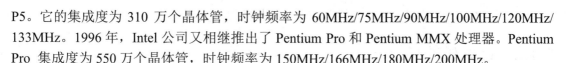

P5。它的集成度为 310 万个晶体管，时钟频率为 60MHz/75MHz/90MHz/100MHz/120MHz/133MHz。1996 年，Intel 公司又相继推出了 Pentium Pro 和 Pentium MMX 处理器。Pentium Pro 集成度为 550 万个晶体管，时钟频率为 150MHz/166MHz/180MHz/200MHz。

6)　第六代微型计算机

1997 年，Intel 公司推出了 Pentium Ⅱ CPU 芯片。可以说，Pentium Ⅱ 是集 Pentium Pro 之精华与 MMX 技术完美结合的产品。

7)　第七代微型计算机

1999 年，Intel 公司推出新一代产品 Pentium Ⅲ 处理器，它的集成度达到 800 万个晶体管，时钟频率为 450MHz/500MHz，目前已推出时钟频率为 1GHz 的 Pentium Ⅲ 芯片。以 Pentium Ⅲ 为 CPU 的微型计算机是当前的主流微机。但是时钟频率为 1.5GHz 的 Pentium 4 芯片已于 2000 年推出。因此，以 Pentium 4 为 CPU 的微机将替代 Pentium Ⅲ 机而成为第八代微型计算机。

3. 我国计算机技术的发展概况

我国计算机技术研究起步晚、起点低，但随着改革开放的深入和国家对高新技术的扶持、对创新能力的提倡，计算机技术的水平正在逐步地提高。我国计算机技术的发展历程如下所述。

(1) 1956 年，开始研制计算机。

(2) 1958 年，研制成功第一台电子管计算机——103 机。

(3) 1959 年，104 机研制成功，这是我国第一台大型通用电子数字计算机。

(4) 1964 年，研制成功晶体管计算机。

(5) 1971 年，研制成功以集成电路为主要器件的 DJS 系列机。这一时期，在微型计算机方面，我国研制开发了长城、紫金、联想系列微机。

(6) 1983 年，我国第一台亿次巨型计算机——"银河"诞生。

(7) 1992 年，10 亿次巨型计算机——"银河Ⅱ"诞生。

(8) 1995 年，第一套大规模并行机系统——"曙光 1000"研制成功。

(9) 1997 年，每秒 130 亿浮点运算、全系统内存容量为 9.15GB 的巨型机——"银河Ⅲ"研制成功。

(10) 1998 年，"曙光 2000-Ⅰ"诞生，其峰值运算速度为每秒 200 亿次浮点运算。

(11) 1999 年，"曙光 2000-Ⅱ"超级服务器问世，峰值运算速度达每秒 1117 亿次，内存高达 50GB。

(12) 1999 年，"神威"并行计算机研制成功，其技术指标位居世界第 48 位。

(13) 2001 年，中科院计算所成功研制我国第一款通用 CPU——"龙芯"芯片。

(14) 2002 年，我国第一台拥有完全自主知识产权的"龙腾"服务器诞生。

(15) 2005 年，联想并购 IBM PC，一跃成为全球第三大 PC 制造商。

(16) 2008 年，我国自主研发制造的百万亿次超级计算机"曙光 5000"获得成功。

(17) 2009 年，国内首台百万亿次超级计算机"魔方"在上海正式启用。

(18) 2010 年，中国曙光公司研制出世界排名第二的"星云"千万亿次超级计算机。同年，中国研制出"天河一号"超级计算机，位居世界第一。

近几年来，我国的高性能计算机和微型计算机的发展更为迅速。

1.1.2　计算机的特点

我们通常所说的计算机，全称应叫电子计算机。它可以存储各种信息，会按人们事先设计的程序自动完成计算、控制等许多工作。计算机又称作电脑，这是因为计算机不仅是一种计算工具，而且还可以模仿人脑的许多功能，代替人脑的某些思维活动。

实际上，电脑是人脑的延伸，是一种脑力劳动工具。计算机与人脑有许多相似之处，如人脑有记忆细胞，计算机有可以存储数据和程序的存储器；人脑有神经中枢处理信息并控制人的动作，计算机有中央处理器，可以处理信息并发出控制指令；人靠眼、耳、鼻、四肢感受信息并传递至神经中枢，计算机靠输入设备接收数据；人靠五官、四肢做出反应，计算机靠输出设备处理结果。计算机能按照程序引导步骤，在数据中储存、传送和加工处理，以获得输出信息，利用这些信息提高社会生产率以及改善人们的生活质量。计算机之所以具有如此强大的功能，能够应用于各个领域，这是由它的特点所决定的。

1)　处理速度快

当今计算机系统的运算速度已达到每秒万亿次，微机也可达每秒亿次以上，使大量复杂的科学计算问题得以解决。

2)　计算精确度高

科学技术的发展特别是尖端科学技术的发展，需要高度精确的计算。一般计算机可以有十几位(二进制)甚至几十位有效数字，计算精度可由千分之几到百万分之几，是其他任何计算工具所望尘莫及的。

3)　逻辑判断能力强

计算机可以进行逻辑处理，也就是说它能够"思考"。计算机能把参加运算的数据、程序以及中间结果和最后结果保存起来，并能根据判断的结果自动执行下一条指令以供用户随时调用。

4)　存储容量大

主存储器(内存)的容量越来越大；辅助存储器(外存)随着大容量的磁盘、光盘等外部存储器的发展，存储容量也达到海量。

5)　全自动功能

人们根据应用的需要，事先编制好程序。在编制好的程序控制下自动工作，不需要人工干预，工作完全自动化。

6)　适用范围广，通用性强

计算机预先将数据编制成计算机识别的编码，将问题分解成基本的算术运算和逻辑运算，再通过编制和运用不同的软件，就可以解决大部分复杂的问题。

1.1.3　计算机的应用

计算机问世之初，主要用于数值计算，"计算机"因此而得名。计算机的应用主要分为数值计算和非数值计算两大类。信息处理、计算机辅助计算、计算机辅助教学、过程控

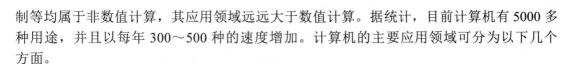

制等均属于非数值计算，其应用领域远远大于数值计算。据统计，目前计算机有 5000 多种用途，并且以每年 300～500 种的速度增加。计算机的主要应用领域可分为以下几个方面。

1. 科学计算(数值计算)

科学计算也称数值计算，是电脑最早的应用领域，在科学研究和科学实践中，以前无法用人工解决的大量复杂的数值计算等问题，现在用电脑可快速、准确地解决。计算机计算能力的增加推进了许多科学研究的进展，如著名的人类基因序列分析计划、人造卫星的轨道测算等。

2. 信息处理(数据处理)

所谓信息处理，是指对大量数据进行加工处理，如收集、存储、传送、分类、检测、排序、统计和输出，再筛选出有用的信息。信息处理是非数值计算，与科学计算不同，处理的数据虽然量大，但计算方法简单。

3. 过程控制

过程控制又称实时控制，是指用计算机实时采集控制对象的数据，加以分析处理后，按系统要求对控制对象进行自动调节或自动控制。工业生产领域的过程控制是实现工业生产自动化的重要手段。利用计算机代替人对生产过程进行监视和控制，可以大大提高劳动生产率。

4. 计算机辅助设计和辅助制造

电脑辅助设计系统已广泛应用于飞机、船舶、建筑、超大规模集成电路等工程设计及制造过程中，同时在电脑辅助教学等领域也得到了应用。目前常见的电脑辅助功能主要有电脑辅助设计(CAD)、电脑辅助教学(CAI)、电脑辅助制造(CAM)、电脑辅助测试(CAT)等。

5. 网络与通信

网络通信是指通过电话交换网等方式将计算机连接起来，实现资源共享和信息交流。计算通信的应用主要有以下几个方面。
(1) 网络互联技术。
(2) 路由技术。
(3) 数据通信技术。
(4) 信息浏览技术。
(5) 网络技术。

6. 人工智能

人工智能是指通过设计具有智能的电脑系统，让电脑具有通常只有人类才具有的智能特性，如识别图形、声音，具有学习、推理能力，能够适应环境等。机器人是电脑在人工智能领域的典型应用。

7. 数字娱乐

运用计算机网络可以为计算机用户带来丰富多彩的娱乐活动，例如丰富的电影、电视资源、网络游戏等。另外，数字电视的发展也使传统的单向播放模式转变为交互模式。

8. 平面、动画设计及排版

现今大家看到的各种图书、杂志基本都是用电脑来排版，其中的封面、插页也是用电脑来设计的。同时，大家看到的各种电视广告、节目片头、某些电影的特技效果也是用电脑来制作的。

9. 现代教育

近些年来，随着计算机的发展和应用领域的不断扩大，它对社会的影响已经有了文化层次的含义。所以，在学校教学中，已把计算机应用技术本身作为文化基础课程安排于教学计划之中。

10. 家庭生活

越来越多的人已经认识到计算机是一个多才多艺的助手，对于家庭，计算机通过各种各样的软件可以从不同方面为家庭生活和事务提供服务，例如，家庭理财、家庭教育、家庭娱乐、家庭信息管理等。对于在职的各类人员，也可以通过运行专用软件或计算机网络在家里办公。

1.1.4 计算机的分类

依照不同的标准，计算机有多种分类方法，常见的分类有以下几种。

1. 按处理数据的类型分类

按处理数据的类型不同，可将计算机分为数字计算机、模拟计算机和混合计算机。

1) 数字计算机

数字计算机所处理的数据都是以 0 和 1 表示的二进制数字，是不连续的数字量。处理结果以数字形式输出。数字计算机的优点是精度高、存储量大、通用性强。目前，常用的计算机大都是数字计算机。

2) 模拟计算机

模拟计算机所处理的数据是连续的，称为模拟量。模拟量以电信号的幅值来模拟数值或某物理量的大小，如电压、电流、温度等都是模拟量。所接收的模拟数据，经过处理后，仍以连续的数据输出，这种计算机称为模拟计算机。一般来说，模拟计算机解题速度快，但不如数字计算机精确，且通用性差。模拟计算机常以绘图或量表的形式输出。

3) 混合计算机

混合计算机则是集数字计算机和模拟计算机的优点于一身。

2. 按使用范围分类

按使用范围的大小，计算机可分为专用计算机和通用计算机。

1)　专用计算机

专用计算机是专门为某种需求而研制的，不能用作其他用途。专用计算机的特点是效率高、精度高、速度快。

2)　通用计算机

通用计算机广泛适用于一般科学运算、工程设计和数据处理等，具有功能多、配置全、用途广、通用性强的特点，市场上销售的计算机多属于通用计算机。

3. 按性能分类

依据计算机的主要性能(如字长、存储容量、运算速度、外部设备、允许同时使用一台计算机的用户多少和价格高低)进行分类，可分为超级计算机、大型计算机、小型计算机、微型计算机、工作站和服务器 6 类。这也是常用的分类方法。

1)　超级计算机(巨型机)

超级计算机又称巨型机。它是目前功能最强、速度最快、价格最贵的计算机。一般用于气象、太空、能源和医药等领域与战略武器研制中的复杂计算，它们安装在国家高级研究机关中，可供几百个用户同时使用。这种机器价格昂贵，号称国家级资源。世界上只有少数几个国家能生产这种机器，如美国克雷公司生产的 Cray-1、Cray-2 和 Cray-3 都是著名的巨型机。我国自主生产的银河-III型百亿次机、曙光-2000 型机和"神威"千亿次机都属于巨型机。巨型机的研制开发是一个国家综合国力和国防实力的体现。

2)　大型计算机

大型计算机通常使用多处理器结构，大型机也具有较高的运算速度，每秒钟一般在数亿次级水平，具有较大的存储容量，较好的通用性，功能较完备，但价格也比较昂贵。此类计算机通常用作银行、航空等大型应用系统中的计算机主机。大型机支持大量用户同时使用计算机数据和程序。过去对计算机的分类有过"中型计算机"这个级别，现在已经很难区分大型机和中型机，所以在许多情况下往往不加区分，特别是在计算机性能价格比不断变化的今天，对中型机的定义就更加模糊。

3)　小型计算机

小型计算机价格低廉，适合中小型单位使用，如 DEC 公司的 VAX 系列、IBM 公司的 AS/4000 系列。

4)　微型计算机

微型计算机的特点是小巧、灵活、便宜。不过通常一次只能供一个用户使用，所以微型计算机也叫个人计算机(Personal Computer)。后来又出现了体积更小的微机，如笔记本式、膝上型、掌上型微机等。

5)　工作站

工作站是介于 PC 和小型机之间的高档微型计算机，应用于图像处理、计算机辅助设计以及计算机网络领域。

6)　服务器

服务器通过网络对外提供服务。相对于普通 PC 来说，其稳定性、安全性、性能等方面的要求更高。

1.2 数制与编码

数制也称计数制，是用一组固定的符号和统一的规则来表示数值的方法。人们通常采用的数制有十进制、二进制、八进制和十六进制。编码是信息从一种形式或格式转换为另一种形式的过程，也称为计算机编程语言的代码，简称编码。编码在电子计算机、电视、遥控和通信等方面广泛使用。

1.2.1 数制的基本概念

虽然计算机能极快地进行运算，但其内部运算并不像人类在实际生活中使用的十进制，而是使用只包含 0 和 1 两个数值的二进制，其中还包括八进制、十六进制。

1. 数制的特点

按进位的原则进行计数，称为进位计数制，简称数制。不论是哪一种数制，其计数和运算都有共同的规律和特点。

1) 逢 N 进一

N 是指数制中所需要的数字字符的总个数，称为基数。如：0、1、2、3、4、5、6、7、8、9 等 10 个不同的符号来表示数值，这个"10"就是数字字符的总个数，也是十进制的基数，表示逢十进一。

2) 位权表示法

位权是指一个数字在某个固定位置上所代表的值，处在不同位置上的数字所代表的值不同，每个数字的位置决定了它的值或者位权。位权与基数的关系是：各进位制中位权的值是基数的若干次幂。

例如，十进制数 803.77 可以表示为：

$(803.77)_{10} = 8 \times (10)^2 + 0 \times (10)^1 + 3 \times (10)^0 + 7 \times (10)^{-1} + 7 \times (10)^{-2}$

位权表示法的方法：每一位数要乘以基数的幂次，幂次以小数点为界，整数自右向左 0 次方、1 次方、2 次方……，小数自左向右-1 次方、-2 次方、-3 次方……。

2. 常用的数制

常用的数制有多种，在计算机中采用二进制。为了表示方便，人们还经常使用八进制数或十六进制数。

1) 二进制(Binary)

二进制数用 0、1 两个数码表示，遵循"逢二进一"的原则，二进制的基数是 2。

2) 八进制数(Octal)

八进制数用 0、1、2…7 八个数码表示，遵循"逢八进一"的原则，八进制的基数是 8。

3) 十进制(Decimal)

十进制数用 0、1、2…9 十个数码表示，遵循"逢十进一"的原则，十进制的基数是 10。

4) 十六进制数(Hexadecimal)

十六进制数用 0、1、2…9、A、B、C、D、E、F 十六个数码表示，遵循"逢十六进一"的原则,十六进制的基数是 16。

1.2.2 二进制、八进制、十进制和十六进制数

人们输入计算机的十进制被转换成二进制进行计算,计算后的结果又由二进制转换成十进制,这都由操作系统自动完成,并不需要人们手工去做。汇编语言,就必须了解二进制、八进制、十进制、十六进制,其规律如图表 1-1 所示。

表 1-1 进制表特点

项 目	二 进 制	八 进 制	十 进 制	十六进制
基数	2	8	10	16
数码	0~1	0~7	0~9	0~9,A~F
进位原则	逢二进一	逢八进一	逢十进一	逢十六进一
位权	位权为 2^i	位权为 8^i	位权为 10^i	位权为 16^i

注:$i=-m\sim n-1$,m 为自然数,n 代表数的小数、整数部分的位数。

二进制是计算机中采用的数制,二进制有以下优点。

(1) 简单可行,容易实线。二进制仅有两个数码:0 和 1,可以用两种不同的稳定状态来表示。

(2) 运算规则简单。二进制计算规则非常简单。以加法为例,二进制加法规则是逢二进一。

(3) 适合逻辑运算。二进制中的 0 和 1 正好分别表示逻辑代数中的假值(False)和真值(True)。二进制数可用于代表逻辑值,容易实现逻辑运算。

但是,二进制也有明显的缺点,即数字冗长、书写麻烦且容易出错、不便阅读。因此,在计算机计数文献的书写中,常用十六进制表示。

二进制、十进制、十六进制是学习"数值"最基本的内容,要求读者能做到在一定数值范围内直接写出二进制、十进制和十六进制的对应关系。表 1-2 列出了十进制数 0~15 与二进制、十六进制数的对应关系。

表 1-2 十进制、二进制、十六进制的转换

十 进 制	二 进 制	十六进制	十 进 制	二 进 制	十六进制
0	0000	0	8	1000	8
1	0001	1	9	1001	9
2	0010	2	10	1010	A
3	0011	3	11	1011	B
4	0100	4	12	1100	C
5	0101	5	13	1101	D
6	0110	6	14	1110	E
7	0111	7	15	1111	F

1.3 计算机中字符的编码

字符包括西文字符(字母、数字、各种符号)和中文字符，即所有不可做算术运算的数据。

字符编码的方法很简单，首先确定需要编码的字符总数，然后将每一个字符按顺序确定序号，序号的大小无意义，仅作为识别与使用这些字符的依据，字符形式的多少涉及编码的位数，对西文与中文字符，由于形式的不同，使用的编码不同。

由于计算机是以二进制的形式存储和处理数据的，因此字符也必须按特定的规则进行二进制编码才能进入计算机。

1.3.1 西文字符的编码

字符编码是表示字符的二进制编码，因为计算机中的数据都是用二进制编码表示的。计算机中常用的字符(西文字符)编码有两种：EBCDIC(Extended Binary Coded Decimal Interchange Code，广义二进制编码的十进制交换码)码和 ASCII 码。微型计算机是采用 ASCII 码。

ASCII 是美国信息交换标准代码(American Standard Code for Information Interchange)的缩写，被国际标准化组织指定为国际标准。ASCII 码包括 7 位码和 8 位码两种版本，如表 1-3 所示。

表 1-3　7 位码和 8 位码的特点

版　本	特　点
7 位码	国际通用码，称为 ISO-646 标准
	占用一个字节，最高位置 0
	编码范围从 00000000B～01111111B
	表示 2^7=128 个不同的字符
8 位码	占用一个字节，最高位置 1，是扩展了的 ASCII 码，通常各个国家都将该扩展的部分作为自己国家语言文字的代码
	编码范围从 00000000B～11111111B
	表示 2^8=256 个不同的字符

标准 ASCII 码中包括通用控制字符 34 个，阿拉伯数字 10 个，大、小写英文字母 52 个，各种标点符号和运算符号共 32 个。

比较字符的大小其实就是比较字符 ASCII 码值的大小。一般来说，ASCII 码值的大小规律为可见控制符号<数字<大写字母<小写字母。

1.3.2 汉字的编码

我国于 1980 年发布了国家汉字编码标准 GB 2312—1980，即《信息交换用汉字编码字符集—基本集》(简称 GB 码或国标码)，国家标准代号是 GB 2312—80，简称交换码或国标码。如表 1-4 所示是国标码的有关知识。

表 1-4　国标码相关知识点

国标码的字符集	共收录了 7445 个图形符号和两级常用汉字等
	有 682 个非汉字图形符和 6763 个汉字的代码
	汉字代码中有一级常用汉字 3755 个，二级常用汉字 3008 个
国标码的存储	国标码可以说是扩展了的 ASCII 码
	两个字节存储一个国标码
	国标码的编码范围为：212H～7E7E
区位码	也称为国标区位码，是国标码的一种变形。它把全部一级、二级汉字和图形符号排列在一个 94 行×94 列的矩阵中，构成一个二维表格，类似于 ASCII 码表。
	区：矩阵中的每一行，用区号表示，区号范围是 1～94
	位：矩阵中的每一列，用位号表示，位号范围是 1～94
	区位码：汉字的区号与位号的组合(高两位是区号，低两位是位号)
	实际上，区位码也是一种汉字输入码，其最大优点是一字一码，即无重码；最大缺点是难以记忆
区位码与国标码之间的关系	国标码=区位码+$(2020)_{16}$

使用汉字的地区有中国内地、台湾及港澳地区，还有日本和韩国，这些地区和国家使用了与中国内地不同的汉字字符集，在中国台湾、香港等地区使用的汉字是繁体字，即 BIG5 码。

1. 汉字的处理过程

从汉字编码的角度看，计算机对汉字信息的处理过程实际上是各种汉字编码间的转换过程，这些编码主要包括：汉字输入码、汉字内码、汉字地址码、汉字字形码等，如图 1-2 所示。

输入码　→　国际码　→　机内码　→　地址码　→　字形码

图 1-2　汉字信息处理系统的模型

1)　汉字输入码

汉字输入码是为使用户能够使用西文键盘输入汉字而编制的编码，也叫外码。汉字输入码是利用计算机标准键盘上按键的不同排列组合来对汉字的输入进行编码。一个好的输入编码应是：编码短，可以减少击键的次数；重码少，可以实现盲打；好学好记，便于学习和掌握。但目前还没有一种符合上述全部要求的汉字输入编码方法。

汉字输入码有许多种不同的编码方案，大致分为以下几类。

(1)　音码：以汉语拼音字母和数字为汉字编码，例如全拼输入法和双拼输入法。

(2)　音形码：以拼音为主，辅以字形字义进行编码，例如五笔字型输入法。

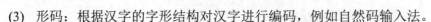

(3) 形码：根据汉字的字形结构对汉字进行编码，例如自然码输入法。

(4) 数字码：直接用固定位数的数字给汉字编码，例如区位输入法。

知识链接：同一个汉字在不同的输入码编码方案中的编码一般也不同，需根据汉字的字形结构对汉字进行编码，例如，使用全拼输入法输入"爱"字，就要输入编码"ai"(然后选字)，而用五笔字型的输入码是"ep"。

2) 汉字内码

汉字内码是在计算机内部对汉字进行处理、存储和传输而编制的汉字编码，应能满足存储、处理和传输的要求，不论用何种输入码，输入的汉字在机器内部都要转换成统一的汉字机内码，然后才能在机器内传输、处理。

在计算机内部为了能够区分是汉字还是 ASCII 码，将国标码每个字节的最高位由 0 变为 1，变换后的国标码称为汉字内码。

汉字的国标码与其内码之间的关系：内码=汉字的国标码+$(8080)_{16}$。

3) 汉字地址码

汉字地址码是指汉字库(这里主要指汉字字形的点阵式字模库)中存储汉字字形信息的逻辑地址码。在汉字库中，字形信息都是按一定顺序(大多数按照标准汉字国标码中汉字的排列顺序)连续存放在存储介质中的，所以汉字地址码也大多是连续有序的，而且与汉字机内码间有着简单的对应关系，从而简化了汉字内码到汉字地址码的转换。

4) 汉字字形码

汉字字形码是存放汉字字形信息的编码，它与汉字内码一一对应。每个汉字的字形码是预先存放在计算机内的，常称为汉字库。当输出汉字时，计算机根据内码在字库中查到其字形码，得知字形信息后就可以显示或打印输出了。

描述汉字字形的方法主要有点阵字形法和矢量表示法。

(1) 点阵字形法：用一个排列成方阵的点的黑白来描述汉字。这种方法简单，但放大后会出现锯齿现象，点阵规模越大，字形越清晰美观，所占存储空间越大(两级汉字大约占用 256KB)。点阵字形法表示方式的缺点是字形放大后产生的效果差。

(2) 矢量表示方式：描述汉字字形的轮廓特征，采用数学方法描述汉字的轮廓曲线。如在 Windows 下采用的 TrueType 技术就是汉字的矢量表示方式，它解决了汉字点阵字形放大后出现锯齿现象的问题。矢量表示方式的特点是字形精度高，但输出前要经过复杂的数学运算处理；当要输出汉字时，通过计算机的计算，由汉字字形描述生成所需大小和形状的汉字点阵。

2. 各种汉字编码之间的关系

汉字的输入、输出和处理的过程，实际上是汉字的各种代码之间的转换过程。汉字通过汉字输入码输入到计算机内，然后通过输入字典转换为内码，以内码的形式进行存储和处理。在汉字通信过程中，处理机将汉字内码转换为适合于通信用的交换码，以实现通信处理。

在汉字的显示和打印输出过程中，处理机根据汉字机内码计算出地址码，按地址码从字库中取出汉字输出码，实现汉字的显示或打印输出，如图 1-3 所示表示了这些代码在汉字信息处理系统中的地位及它们之间的关系。

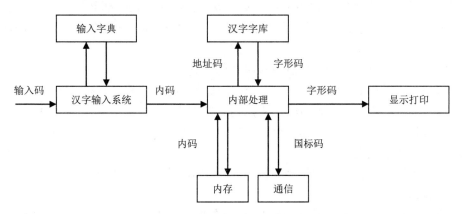

图 1-3　各种汉字编码之间的关系

1.4　指令和程序设计语言

前面我们讲到，计算机能够按照要求自动完成工作是因为采用了存储程序控制，本节将对指令和程序设计语言进行讲解。

1.4.1　计算机指令

指令就是给计算机下达命令，告诉计算机要干什么，所要用到的数据出自哪里，操作结果又将送往何处。所以，指令包括操作码和地址码。

(1) 操作码：指出指令完成操作的类型，如加、减、乘、除、传送等。

(2) 地址码：指出参与操作的数据和操作结果存放的位置。

一条指令只能完成一个简单的操作，而一个比较复杂的操作则需要由许多简单操作组合而成，这就形成了程序。简单地说，程序就是一组计算机指令序列。一台计算机可能有多种多样的指令，这些指令的集合称之为该计算机的指令系统。

1.4.2　程序设计语言

程序设计语言是软件的基础和组成，是用来定义计算机程序的语法规则，是由单词、语句、函数和程序文件等组成。随着计算机技术的不断发展，计算机所使用的语言也快速地发展成为一种体系。

程序设计语言的基本成分有以下四种。

(1) 运算成分：用于描述程序中所包含的运算。

(2) 控制成分：用于描述程序中所包含的控制。

(3) 数据成分：用于描述程序所涉及的数据。

(4) 传输成分：用于表达程序中数据的传输。

程序设计语言也称为计算机语言，计算机语言主要分为以下 3 种。

1) 机器语言

机器语言是表示成数码形式的机器基本指令集，或者是操作码经过符号化的基本指令集，所有的指令集合称为指令系统。指令系统就是计算机硬件的语言系统，也叫机器语言。

机器语言具有以下特征：

(1) 它是计算机唯一能识别并且直接执行的语言；

(2) 每条指令是由 0、1 组成的一串二进制代码，可读性差，不易记忆；

(3) 用它编写的程序执行速度快，占用内存空间少；

(4) 编写程序难且繁，易出错，难调试修改；

(5) 直接依赖于机器；

(6) 由于不同型号计算机的指令系统不完全相同，故可移植性差。

2) 汇编语言

汇编语言是机器语言中地址部分符号化的结果，或进一步包括宏构造。汇编语言由于采用了助记符号来编写程序，比用机器语言的二进制代码编程要方便些，在一定程度上简化了编程过程。

使用汇编语言编写的程序，机器不能直接识别，要由一种程序将汇编语言翻译成机器语言(目标程序)，这种起翻译作用的程序叫汇编程序。翻译的机器语言再链接成可执行程序在计算机中执行，如图 1-4 所示。

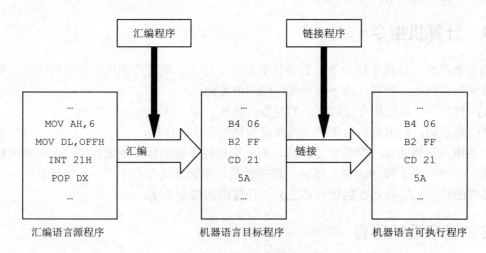

图 1-4　汇编语言的翻译过程

3) 高级语言

高级语言是接近于生活语言的计算机语言。常见的高级语言有 Basic 语言、Fortran 语言、C 语言和 Pascal 语言等。高级语言与汇编语言程序一样，它不能直接被计算机识别和执行，必须由翻译程序把它翻译成机器语言后才能被执行。翻译程序按翻译的方式分为解释方式和编译方式两种。

(1) 解释方式：解释方式是在程序的运行中，将高级语言逐句解释为机器语言，解释一句，执行一句，所以运行速度较慢。如 Basic 源程序的执行就是采用这种方式。

(2) 编译方式：编译方式是用相应的编译程序先把源程序编译成机器语言的目标程

序，再把目标程序和各种标准库函数连接装配成一个完整的可执行机器语言程序。简单而言，一个高级语言源程序必须经过编译和连接装配两步后才能成为可执行的机器语言程序。

1.5　计算机系统的组成

计算机系统由硬件系统和软件系统两大部分组成。硬件系统是计算机的"躯干"，是物质基础。而软件系统则是建立在这个"躯干"上的"灵魂"。

下面将详细介绍"存储程序控制"概念，计算机硬件系统的组成以及计算机软件系统的组成。

1.5.1　"存储程序控制"计算机概念

"存储程序控制"原理，是将根据特定问题编写的程序存放在计算机存储器中，然后按存储器中存储程序的首地址执行程序的第一条指令，以后就按照该程序的规定顺序执行其他指令，直至程序结束执行。1945 年，美籍匈牙利科学家冯·诺依曼(J.Von Neumann)提出了现代计算机的理论基础。现代计算机已经发展到第四代，但仍遵循着这个原理。

"存储程序控制"原理的特点如下：

(1)　使用单一的处理部件来完成计算、存储以及通信的工作；

(2)　存储单元是定长的线性组织；

(3)　存储空间的单元是直接寻址的；

(4)　使用低级机器语言，指令通过操作码来完成简单的操作；

(5)　对计算进行集中的顺序控制；

(6)　计算机硬件系统由运算器、存储器、控制器、输入设备、输出设备五大部件组成并规定了它们的基本功能；

(7)　采用二进制形式表示数据和指令；

(8)　在执行程序和处理数据时必须将程序和数据从外存储器装入主存储器中，然后才能使计算机在工作时能够自动地调整从存储器中取出指令并加以执行。

1.5.2　计算机硬件系统的组成

现代计算机硬件系统主要由运算器、控制器、存储器、输入设备和输出设备五大基本部件组成，以存储器为中心，其基本框架如图 1-5 所示。

计算机的基本工作原理是应用了冯·若依曼原理，该原理是将程序和数据都事先存放在计算机的存储器中，然后在计算机程序的控制下自动完成算术运算和逻辑运算。计算机硬件系统各部分的功能如下。

1)　运算器

运算器也称为算术逻辑部件(Arithmetical and Logical Unit，ALU)，是执行各种运算的装置。主要功能是对二进制数码进行算术运算或逻辑运算。运算器由一个加法器、若干个寄存器和一些控制线路组成。

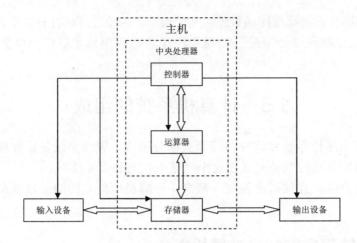

图 1-5　计算机硬件系统的组成

2)　控制器

控制器(Control Unit，CU)是计算机的神经中枢，指挥计算机各个部件自动、协调地工作。主要功能是按预定的顺序不断取出指令进行分析，然后根据指令要求向运算器、存储器等各部件发出控制信号，让其完成指令所规定的操作。

3)　存储器

存储器(Memory)是计算机中用来存放程序和数据的，具备存储数据和取出数据的功能。存储器可分为两大类：一类是内部存储器，另一类是外部存储器。

4)　输入设备

输入设备(Input Device)的主要作用是把准备好的数据、程序、命令及各种信号信息转变为计算机能接收的电信号送入计算机。

5)　输出设备

输出设备(Output Device)的主要功能是将计算机处理的结果或工作过程按人们要求的方法输出。

💡 注意：存储数据是指向存储器里"写入"数据，取出数据是指从存储器里"读取"数据。读写操作统称为对存储器的访问。

1.5.3　计算机软件系统的组成

计算机软件系统主要包括系统软件和应用软件。

1. 系统软件

系统软件是指控制和协调计算机外部设备、支持应用软件开发和运行的软件。其主要功能是负责管理计算机系统中各种独立的硬件，使之可以协调工作。系统软件使计算机使用者和其他软件将计算机当作一个整体而不需要顾及到底层每个硬件是如何工作的。

系统软件主要包括操作系统、语言处理系统、数据库管理程序和系统辅助处理程序等。

1)　操作系统

在系统软件中最主要的是操作系统，它提供了一个软件运行的环境，用来控制所有计算机上运行的程序并管理整个计算机的软硬件资源。

操作系统是系统软件的重要组成部分，通常包括 5 大功能模块：处理器管理、内存管理、信息管理、设备管理和用户接口。

操作系统的发展过程如下：

(1)　单用户操作系统；

(2)　批处理操作系统；

(3)　分时操作系统；

(4)　实时操作系统；

(5)　网络操作系统；

(6)　微机操作系统。

2)　语言处理系统

语言处理系统是对软件语言进行处理的程序子系统，是系统软件的另一大类型，早期的第一代和第二代计算机所使用的编程语言一般是由计算机硬件厂家随机器配置的。

语言处理系统的主要功能是各种软件语言的处理程序，它把用户用软件语言书写的各种源程序转换成可为计算机识别和运行的目标程序，从而获得预期结果。

3)　数据库管理程序

数据库管理程序是应用最广泛的软件，是有关建立、存储、修改和存取数据库中信息的技术。它把各种不同性质的数据进行组织，以便能够有效地进行查询、检索、管理这些数据，是运用数据库的主要目的。

数据库管理的主要内容包括数据库的调优、数据库的重组、数据库的重构、数据库的安全管控、报错问题的分析汇总和处理、数据库数据的日常备份。

4)　系统辅助处理程序

系统辅助处理程序主要是指一些为计算机系统提供服务的工具软件和支撑软件，如编辑程序、调试程序、系统诊断程序等。这些程序主要是为了维护计算机系统的正常运行，方便用户在软件开发和实施过程中的应用，如 Windows 中的磁盘整理工具程序等。实际上 Windows 和其他操作系统，都有附加的使用工具程序。因而随着操作系统功能的延伸，已很难严格划分系统软件和系统服务软件。

2. 应用软件

在计算机软件系统中，应用软件的使用最多，应用软件是为满足用户不同问题、不同领域的应用需求而提供的那部分软件。它可以拓宽计算机系统的应用领域，扩大硬件的功能。根据服务对象不同，应用软件可以分为通用软件和专用软件。

1)　通用软件

为了解决某一类问题所涉及的软件称为通用软件。

(1)　针对文字处理、表格处理、电子演示、电子邮件收发等办公软件，例如 Microsoft Office、WPS 等。

(2)　用于财务会计业务的财务软件。

(3)　用于机械设计制图的绘图软件，例如 AutoCAD 等。

（4）用于图像处理的软件，例如 Photoshop、Adobe Illustrator。

2）专用软件

专门适应特殊需求的软件称为专用软件。例如，用户自己组织人力开发的能自动控制车床，并能将各种事务性工作集成起来的软件等。

1.6 微型计算机的硬件系统

微型计算机作为日常生活中常用的计算机，你可知道其硬件系统？本节将对微型计算机的硬件系统进行详解。

1.6.1 微型计算机的基本结构

前面已经讲到计算机系统的组成，微型计算机的基本组成结构，如图 1-6 所示。计算机硬件系统是指那些由电子元器件和机械装置组成的"硬"设备，如键盘、显示器、主板等，它们是计算机能够工作的物质基础。计算机软件系统是指那些能在硬件设备上运行的各种程序、数据和有关的技术资料，如 Windows 系统数据库管理系统等。

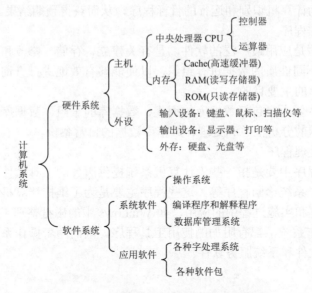

图 1-6 微型计算机的基本组成结构

几乎所有的微型计算机都把主机部分、软盘驱动器、硬盘驱动器及电源等封装在主机箱内。从外观上看，有卧式、立式和笔记本等几种机型。典型的微型计算机如图 1-7 所示。

计算机硬件的基本功能是接受计算机程序的控制，并实现数据输入、运算、输出等一系列根本性的操作。虽然计算机的制造技

图 1-7 微型计算机

术从计算机出现到今天已经发生了很大的变化，但在基本的硬件结构方面，却一直沿袭着冯·诺伊曼的传统框架，即计算机硬件系统由运算器、控制器、存储器、输入设备、输出设备五大基本部件构成。输入设备负责把用户的信息(包括程序和数据)输入到计算机中；输出设备负责将计算机中的信息(包括程序和数据)传送到外部媒介，供用户查看或保存；存储器负责存储数据和程序，并根据控制命令提供这些数据和程序，它包括内存(内存储器)和外存(外存储器)；运算器负责对数据进行算术运算和逻辑运算(即对数据进行加工处理)；控制器负责对程序所规定的指令进行分析，控制并协调输入、输出操作或对内存的访问。

1.6.2　微型计算机的性能指标

衡量微型计算机性能的好坏，通常有下列几项主要技术性能指标。

1. 字长

字长是指微机能直接处理的二进制信息的位数。字长越长，微机的运算速度就越快，运算精度就越高，内存容量就越大，微机的功能就越强。所以字长是微机的一个重要性能指标。按微机的字长可分为 8 位机(如早期的 Apple E 机)、16 位机(如 286 微机)、32 位机(如 386、486 奔腾机)和 64 位机(高档微机)等。

2. 存储容量

存储容量分为内存容量和外存容量，这里主要讲的是内存容量。内存容量越大，处理数据的范围就越广，运算速度一般也越快，处理能力就越强。目前微型计算机的内存容量已达到数 GB。

3. 存取周期

存取周期是指对存储器进行一次完整的存取(即读/写)操作所需的时间，即存储器进行连续存取操作所允许的最短时间间隔。存取周期越短，则存取速度越快。存取周期的大小影响微机运算速度的快慢。所以存取周期是微机的一个重要性能指标。微机中使用的是大规模或超大规模集成电路存储器，其存取周期在几十到几百毫微秒。

4. 主频

主频是指微机 CPU 的时钟频率。主频的单位是 MHz(兆赫兹)。主频的大小在很大程度上决定了微机运算速度的快慢，主频越高，微机的运算速度就越快。所以主频是微机的一个重要性能指标。目前 Pentium 处理器的主频已达到 1G～3GHz。

5. 运算速度

运算速度是指微机每秒钟能执行多少条指令。运算速度的单位用 MIPS(百万条指令/秒)。由于执行不同的指令所需的时间不同，因此，运算速度有不同的计算方法。现在多用各种指令的平均执行时间及相应指令的运行比例来综合计算运算速度，即用加权平均法求出等效速度，作为衡量微机运算速度的标准。目前微机的运算速度在 200～300MIPS。

除了上述 5 个主要技术指标外，还有其他一些因素，也对微机的性能起到了重要作用。

(1) 可靠性：是指微型计算机系统平均无故障工作时间。无故障工作时间越长，系统就越可靠。

(2) 可维护性：是指微机的维修效率，通常用故障平均排除时间来表示。

(3) 可用性：是指微机系统的使用效率，可以用系统在执行任务的任意时刻所能正常工作的概率来表示。

(4) 兼容性：兼容性强的微机，有利于推广应用。

(5) 性能价格比：这是一项综合评估微机系统性能的指标，包括硬件性能和软件性能。价格是整个微机系统的价格，与系统的配置有关。

1.6.3 微型计算机的硬件及功能

微机与其他类型计算机的工作原理和组成并无本质的区别，如图 1-8 所示的是微机总线结构，系统总线把 CPU、存储器、输入输出设备连接起来，使微型计算机系统机构简洁、灵活、规范。

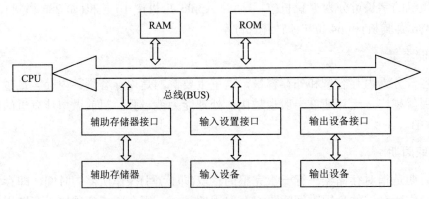

图 1-8　微机总线结构示意图

其中 CPU 和内存储器构成了计算机的主机，是计算机系统的主体；输入/输出设备和辅助存储器(外存)统称为外部设备(简称外设)，它们是人与主机沟通的桥梁。

1. 主板

主机芯片都安装在一块电路板上，这块电路板称为主机板(主板)。为了与外围设备连接，在主机板上还安装有若干个接口插槽，可以在这些插槽上插入与不同外围设备连接的接口卡。主板上有控制芯片组、CPU 插座、BIOS 芯片、内存条插槽，主板上也集成了软驱接口、硬盘接口、并行接口、串行接口、USB 接口、AGP 总线扩展槽、PCI 局部总线扩展槽、ISA 总线扩展槽、键盘和鼠标接口以及一些连接其他部件的接口等。主板是微型计算机系统的主体和控制中心，它几乎集合了全部系统的功能，控制着各部分之间的指令流和数据流。随着计算机的发展，不同型号的微型计算机的主板结构是不一样的。图 1-9 所示为主板外观示意图。

2. 中央处理器

中央处理器(Central Processing Unit，CPU)是计算机硬件系统的核心，如图 1-10 所示。CPU 主要由运算器(ALU)和控制器(CU)两大部件组成，还包括若干个寄存器和高端缓冲存储器，它们通过内部总线连接。高速缓冲存储器是为了解决 CPU 与内存 RAM 速度不匹配而设计的，一般在几十 KB 到几百 KB 之间，存取速度为 15～35ns。

图 1-9　主板

图 1-10　CPU

运算器是对数据进行加工处理的部件。它不仅可以实现基本的算术运算，还可以进行基本的逻辑运算，实现逻辑判断的比较及数据传递、移位等操作。控制器是负责从存储器中取出指令，确定指令类型，并译码，按时间的先后顺序，向其他部件发出控制信号，统一指挥和协调计算机各器件进行工作的部件。它是计算机的"神经中枢"。

中央处理器是计算机的心脏，CPU 品质的高低直接决定了计算机系统的档次。能够处理的数据位数是 CPU 的一个最重要的品质标志。人们通常所说的 16 位机、32 位机、64 位机即指 CPU 可同时处理 16 位、32 位和 64 位的二进制数据。IBM PC/AT 及 286 机均是 16 位机，386、486 及现在的奔腾系列机器均是 32 位机。其中，IBM PC/AT 的 CPU 芯片为 Intel 80286，而 386 机、486 机、奔腾系列机器的 CPU 芯片分别以 Intel 80386、80486、Pentium 系列为代表。

3. 存储器

存储器的主要功能是存放程序和数据。使用时，可以从存储器中取出信息来查看、运行程序，称其为存储器的读操作；也可以把信息写入存储器、修改原有信息、删除原有信息，称其为存储器的写操作。存储器通常分为内存储器和外存储器。

1) 内存储器(内存)

内存又称为主存，它和 CPU 一起构成了计算机的主机部分，如图 1-11 所示为内存条示意图，它存储的信息可以被 CPU 直接访问。内存由半导体存储器组成，存取速度较快，但一般容量较小。内存中含有很多的存储单元，每个单元可以存放 1 个 8 位的二进制数，即 1 个字节(Byte，简称"B")。通常 1 个字节可以存放 0～255 之间的 1 个无符号整数或 1 个字符的代码，而对于其他部分数据可以用若干个连续字节按一定规则进行存放。内存中的每个字节各有一个固定的编号，这个编号称为地址。CPU 在存取存储器中的数据时是按地址进行的。存储器容量即指存储器中所包含的字节数，通常用 MB 作为存储器容量单位。内存储器通常可以分为随机存储器(RAM)、只读存储器(ROM)和高速缓冲存储器(Cache)三种。其中特点、用途、分类如表 1-5 所示。

图 1-11　内存条

表 1-5　ROM 和 RAM 的特点、用途和分类比较

	特　点	用　途	分　类
只读存储器 (ROM)	其中的信息只能读出不能写入；且只能被 CPU 随机读取； 内容永久性，断电后信息不会丢失，可靠性高	主要用来存放固定不变的控制计算机的系统程序和数据，如常驻内存的监控程序、基本 I/O 系统、各种专用设备的控制程序和有关计算机硬件的参数表等	可编程的只读存储器 PROM； 可擦除、可编程的只读存储器 EPROM； 按模型只读存储器 MROM
随机存储器 (RAM)	CPU 可以随时直接对其读写；当写入时，原来存储的数据被冲掉； 有电时信息完好，但断电后数据会消失，且无法恢复	存储当前使用的程序、数据、中间结果与外存交换的数据	静态 RAM(SRAM)全集成度低、价格高、存储速度快、不需要刷新； 动态 RAM(DRAM)全集成度高、价格低、存储速度慢、需要刷新

2)　外存储器(外存)

外存储器又称为辅助存储器，它的容量一般都比较大，而且大部分可以移动，便于在不同计算机之间进行信息交流。在微型计算机中，常用的外存有硬盘、闪存和光盘 3 种。

(1)　硬盘存储器

目前的硬盘有两种：一种为固定式，如图 1-12 所示；另一种为移动式，如图 1-13 所示。所谓固定式就是固定在主机箱内，容量比较大，当容量不足时，可再扩充另一个硬盘。而移动式硬盘如同软盘一样，只是它的速度与容量都远远超过软盘。它可以轻松传输、携带、分享和存储资料，可以在笔记本和台式机之间，办公室、学校、网吧和家庭之间实现数据的传输，是私人资料保存的最佳工具。同时它还具有写保护、无驱动、无须外接电源、高速度读写、支持 80GB 或更大容量硬盘等特点。

图 1-12　硬盘

图 1-13　移动硬盘

硬盘(Hard Disk)是微型机上主要的外部存储设备。它是由磁盘片、读写控制电路和驱动机构组成。

① 硬盘的结构。

● 磁头：磁头是硬盘中最昂贵的部件，也是硬盘技术中最重要和最关键的一环。

● 磁道：当磁盘旋转时，磁头若保持在一个位置上，则每个磁头都会在磁盘表面划出一个圆形轨迹，这些圆形轨迹就叫作磁道。

● 扇区：磁盘上的每个磁道被等分为若干个弧段，这些弧段便是磁盘的扇区。

● 柱面：硬盘通常由重叠的一组盘片构成，每个盘面都被划分为数目相等的磁道，并从外缘的"0"开始编号，具有相同编号的磁道形成一个圆柱，称之为磁盘的柱面。

② 硬盘的容量。

作为计算机系统的数据存储器，容量是硬盘最主要的参数。硬盘的容量以兆字节(MB/MiB)或千兆字节(GB/GiB)为单位，1GB=1024MB，而 1GiB=1024MiB。但硬盘厂商通常使用的是 GB，也就是 1GB=1000MB，而 Windows 系统，就依旧以"GB"字样来表示"GiB"单位(1024 换算的)，因此我们在 BIOS 中或在格式化硬盘时看到的容量会比厂家的标称值要小。硬盘的容量指标还包括硬盘的单碟容量。所谓单碟容量是指硬盘单片盘片的容量，单碟容量越大，单位成本越低，平均访问时间也越短。

③ 硬盘的转速。

转速(Rotational Speed 或 Spindle Speed)是硬盘内电机主轴的旋转速度，也就是硬盘盘片在 1 分钟内所能完成的最大转数。转速的快慢是标示硬盘档次的重要参数之一，它是决定硬盘内部传输率的关键因素之一，在很大程度上直接影响到硬盘的速度。硬盘的转速越快，硬盘寻找文件的速度也就越快，相对的硬盘的传输速度也就得到了提高。硬盘转速以每分钟多少转来表示，单位表示为RPM，RPM 是 Revolutions Per Minute 的缩写，是转/每分钟。RPM 值越大，内部传输率就越快，访问时间就越短，硬盘的整体性能也就越好。

(2) 闪存。

闪存又名优盘、U 盘，如图 1-14 所示，是在存储速度与容量

图 1-14　优盘

上介于软盘与硬盘之间的一种外部存储器。它具有如下特点：兼顾了 USB 2.0、USB 1.1、USB 3.0 接口的使用；具有写保护开关，用来防止误删除重要数据；无须安装设备驱动，即插即用。优盘有基本型、增强型和加密型 3 种。

USB 接口的传输率：USB 1.1 为 12Mb/s，USB 2.0 为 480Mb/s，USB 3.0 为 5.0Gb/s。

(3) 光盘。

光盘(Optical Disc)是以光信息作为存储物的载体来存储数据的一种物品。光盘根据其制造材料和记录信息方式的不同一般分为三类：只读光盘、一次写入型光盘和可擦写光盘。

只读光盘(CD-ROM)是生产厂家在制造时根据用户要求将信息写到盘上，用户不能抹除，也不能写入，只能通过光盘驱动器读出盘中的信息。只读光盘以一种凹坑的形式记录信息。光盘驱动器内装有激光光源，光盘表面以凹坑的形式记录的信息，可以反射出强弱不同的光线，从而使记录的信息被读出。只读光盘的存储容量约为 650 MB。

一次写入型光盘(CD-R)可以由用户写入信息，但只能写一次，不能抹除和改写(像 Prom 芯片一样)。信息的写入通过特制的光盘刻录机进行，它是用激光使记录介质熔融蒸发穿出微孔或使非晶膜结晶化，改变原材料特性来记录信息。这种光盘的信息可多次读出，读出信息时使用只读光盘用的驱动器即可。一次写入型光盘的存储容量一般为几百兆。

可擦写型光盘(CD-RW)片上镀有银、铟、硒或碲材质，这种材质能够呈现出结晶和非结晶两种状态，用来表示数字信息 0 和 1。CD-RW 的刻录原理与 CD-R 大致相同，通过激光束的照射，材质可以在结晶和非结晶两种状态之间相互转换，这种晶体材料的互换，形成了信息的写入和擦除，从而达到可重复擦除的目的。

4. 输入/输出设备

1) 输入设备

输入设备是外界向计算机传送信息的装置。其主要作用是把人们可读的信息，包括命令、程序、数据、文本、图形、图像、音频和视频等，将其转换为计算机能识别的二进制代码输入计算机，供计算机处理。输入设备是人与计算机系统之间进行信息交换的主要装置之一。例如，使用键盘输入信息时，敲击它的每个键位都能产生相应的电信号，再有电路板转换成相应的二进制代码送入计算机。

目前常用的输入设备有键盘、鼠标、触摸屏、摄像头、扫描仪、光笔、手写板、游戏杆、语音输入装置等。

2) 输出设备

输出设备的作用是将计算机中的数据信息传送到外部媒介，并转化成某种为人们所认识的表示形式。在微型计算机中，最常用的输出设备有显示器和打印机。此外，还有绘图仪等，也可以通过磁盘和磁带输出。

3) 其他输入/输出设备

目前，不少设备同时集成了输入和输出两种功能，例如，调制解调器(Modem)，它是数字信号和模拟信号之间的桥梁。一台调制解调器能将计算机的数字信号转换成模拟信

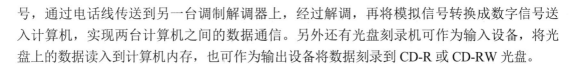

号，通过电话线传送到另一台调制解调器上，经过解调，再将模拟信号转换成数字信号送入计算机，实现两台计算机之间的数据通信。另外还有光盘刻录机可作为输入设备，将光盘上的数据读入到计算机内存，也可作为输出设备将数据刻录到 CD-R 或 CD-RW 光盘。

5. 总线和接口

1) 总线

计算机中传输信息的公共通路称为总线(BUS)。一次能够在总线上同时传输信息的二进制位数被称为总线宽度。CPU 是由若干基本部件组成的，这些部件之间的总线被称为内部总线；而连接系统各部件间的总线称为外部总线，也称为系统总线。

按照总线上传输信息的不同，总线可以分为数据总线(DB)、地址总线(AB)和控制总线(CB)三种。

(1) 数据总线：用来传送数据信息，它主要连接了 CPU 与各个部件，是它们之间交换信息的通路。数据总线是双向的，而具体的传送方向由 CPU 控制。

(2) 地址总线：用来传送地址信息。CPU 通过地址总线中传送的地址信息访问存储器。通常地址总线是单向的。同时，地址总线的宽度决定可以访问的存储器容量大小，如 20 条地址总线可以控制 1MB 的存储空间。

(3) 控制总线：用来传送控制信号，以协调各部件之间的操作。控制信号包括 CPU 对内存储器和接口电路的读写控制信号、中断响应信号，也包括其他部件传送给 CPU 的信号，如中断申请信号、准备就绪信号等。

2) 接口

不同的外围设备与主机相连都必须根据不同的电气、机械标准，采用不同的接口来实现。主机与外围设备之间信息通过两种接口传输：一种是串行接口，如鼠标；另一种是并行接口，如打印机。串行接口按机器字的二进制位逐位传输信息，传送速度较慢，但准确率高；并行接口一次可以同时传送若干个二进制位的信息，传送速度比串行接口快。现在的微机上都配备了串行接口与并行接口。

1.7　小型案例实训

下面通过两个小型案例对本章学习的内容进行巩固。

1.7.1　认识计算机硬件

面对复杂多样的微型计算机市场，用户在选择微型计算机时，会看到类似的广告：LenovoY430pATBKTCI54210M4G1TBR8CCN。该广告的意思是：品牌为 Lenovo，型号为 Y430p，CPU 类型是 Intel I5，CPU 型号为 I5-4210M，内存容量为 4GB，硬盘容量为 1TB，识别代码为 R8CCN。

除了看到以上形式外，还有如表 1-6 所示的配置信息。

表 1-6 电脑配置表

基本参数	
品牌	联想(Lenovo)
商品名称	联想(Lenovo)YOGA311GMWHTX5Y10C4G2568C
系列	YOGA3
颜色	白色
产品定位	家庭办公、影音娱乐、商用电脑
上市时间	2014.12
操作系统	
操作系统	Windows8.1
处理器	
核心	双核心
CPU 类型	Intel i5
CPU 型号	Intel-5Y10C
CPU 主频	0.8GHz～2GHz
三级缓存	2MB
内存	
内存容量	4GB
内存类型	DDR3L
最大支持内存	4GB
插槽数量	1 个
硬盘	
硬盘容量	256GB
硬盘类型	固态硬盘
硬盘转速	5400 转/分
硬盘接口类型	SATA 接口
显卡	
显卡类型	核芯显卡
显存容量	共享系统内存
显卡型号	集成显卡
光驱	
光驱类型	无光驱
显示屏	
屏幕尺寸	11.6 英寸
屏幕比例	16：9
屏幕分辨率	1920×1080

屏幕类型	LED
触摸功能	支持
其他	
指纹识别	不支持
随机附件	电源适配器
厂商保修政策	全国质保
通信	
蓝牙功能	蓝牙 4.0
局域网	10/100/1000Mb/s
无线局域网	802.11a
内置 3G 模块	不支持
端口	
USB 2.0 端口	1 个
USB 3.0 端口	1 个
音频端口	耳机/麦克风二合一接口
视频端口	HDMI
读卡器	二合一读卡器
多媒体设备	
内置摄像头	HD 摄像头
内置扬声器	支持
内置麦克风	支持
输入设备	
指纹设备	触摸屏、触摸板
电源	
电池	3 芯锂电池
续航时间	7 小时
电源适配器	有
规格	
厚度	15.8mm
机身尺寸	290mm×197mm×15.8mm
重量	1.1

1.7.2 动手组装 PC

在动手组装 PC 之前必须准备好所需要的硬件,包括主机、主板、CPU、风扇、内存条、电源、硬盘、显示器、鼠标和键盘等。

1. 组装常用工具

(1) 带磁性的"十"字形和"一"字形螺丝刀各一把。

(2) 尖嘴钳一把。

(3) 剪刀一把。

(4) 镊子一把。

2. 安装不同部件

(1) 安装电源：用十字螺丝刀把固定机箱侧板的螺丝拧下来，拆下机箱两侧的侧板。核对机箱内的零件包是否齐全，包括固定螺丝、档片和铜柱等；打开电源包装，把电源放在机箱后面的螺丝孔和机箱上的螺丝孔一一对应处，然后拧上螺丝。

(2) 安装 CPU：打开主板包装，取出主板，放在一块绝缘泡沫或海绵垫上；将主板上的 CPU 插座的小扳手拉起；将 CPU 的缺口对准 CPU 插座的缺口后缓慢地插入，确认 CPU 完全插入 CPU 插座后把小扳手压下；在 CPU 上面涂抹适量的硅胶，将 CPU 散热风扇放在 CPU 表面，确认和 CPU 接触良好，将 CPU 散热风扇的扣具扣在 CPU 的插座上面；将 CPU 风扇电源插入主板上 CPU 风扇的电源插座。

(3) 安装内存条：拨开内存插槽两边的锁扣，使内存条下边金手指部分的缺口与内存插槽上相应的突起槽口对齐，均匀用力向下压，使插槽两侧的锁扣紧扣住内存。

(4) 固定主板：把机箱水平放置，找到随机箱附带的螺丝，观察主板上的螺丝固定孔，在机箱底板上找到对应位置处的预留孔，将机箱附带的铜柱安装到这些预留孔上；将主板放到机箱内的这些安装好的铜柱上面，并将主板上的各种接口与机箱上的预留孔对应，用螺丝固定主板。

(5) 连接主板电源线：将电源线插头插入主板电源插座中。

(6) 安装硬盘和光驱：将硬盘放到机箱的驱动器支架内，用螺丝固定硬盘，将 IDE 数据线插头插在硬盘接口上；将 IDE 数据线的另一端插到主板的 IDE 通道上；拆开机箱上面的挡板，把光驱放好并用螺丝固定。此过程与硬盘的安装方法相似，将 IDE 数据线插到光驱的接口上，另一端接到主板的 IDE 通道上，并接上电源。

(7) 安装显示卡及扩展卡：用螺丝刀将机箱显示卡的挡板拆掉，使显示卡与显示卡插槽垂直，均匀用力向下压，把显示卡插入插槽中，用螺丝将其固定；如果还有其他的扩展卡，如网卡、电视卡等也同样把 PCI 接口后的挡板拆掉，与显示卡的安装一样，将卡与 PCI 插槽垂直，均匀用力插到插槽中，并用螺丝固定即可。

(8) 连接机箱引出线：把机箱内的引出线(包过 PC 喇叭信号线、机箱电源指示灯信号线、主机启动信号线、复位启动信号线和硬盘信号工作指示灯信号线、前置 USB 接口线等)连接到主板的相应位置上，不同的主板这些线的位置也不尽相同，在安装时需参照主板说明书。

(9) 整理主机箱内的线缆：把电缆线整理一下，然后把机箱盖上，用螺丝拧紧即可。

(10) 连接外部设备：把鼠标、键盘连接到主机上，然后连接显示器和音箱，最后将电源线连接到主机电源上。

(11) 计算机硬件的调试：计算机组装完成后，接上电源，启动计算机对硬件进行调试，加电后，计算机会进行加电自检，如果听到"滴"的一声，说明计算机运行正常，如果计算机启动后没有任何响应，说明我们在组装过程中有错误，需要再次打开机箱对硬件的组装重新检查，直到每个部件安装正确，再次加电后听到"滴"的一声，说明一切正常了。

1.8　本章小结

计算机是人类历史上伟大的发明之一，本章所讲解的重点内容是计算机的基础知识。

第一部分首先介绍了计算机的发展简史，包括大型计算机和微型计算机的发展，随后介绍了计算机的特点、应用和分类。

第二部分重点介绍了计算机数制和编码，其中包括西文字符和汉字编码的知识，此部分是本章的重点内容。

第三部分主要介绍了计算机的字符编码和程序设计语言，包括计算机指令和程序设计语言。

第四部分主要介绍了计算机的系统组成和微型计算机硬件系统，重点讲解了计算机硬件系统的组成及微型计算机的硬件构成。

习　题

一、填空题

1. 英文缩写 CAD 的中文意思是_____。
2. ASCII 码包括_____和_____两个版本。
3. 计算机中所有信息的存储都采用_____。
4. 第一代计算机主要元件是_____。
5. 计算机中常用的字符(西文字符)编码有两种：_____和_____，微型计算机是采用的_____。

二、选择题

1. 世界上第一台电子数字计算机取名为(　　)。
   　　A. UNIVAC　　　　　B. EDSAC　　　　　C. ENIAC　　　　　D. EDVAC
2. 个人计算机简称为 PC 机，这种计算机属于(　　)。
   　　A. 微型计算机　　　B. 小型计算机　　　C. 超级计算机　　D. 巨型计算机
3. 主要决定微机性能的是(　　)。
   　　A. CPU　　　　　　B. 耗电量　　　　　C. 质量　　　　　D. 价格
4. 微型计算机中运算器的主要功能是进行(　　)。
   　　A. 算术运算　　　　　　　　　　　　B. 逻辑运算
   　　C. 初等函数运算　　　　　　　　　　D. 算术运算和逻辑运算
5. 磁盘属于(　　)。
   　　A. 输入设备　　　　B. 输出设备　　　　C. 内存储器　　　D. 外存储器
6. 计算机中信息存储的最小单位是(　　)。
   　　A. 二进制位　　　　B. 字节　　　　　　C. 字　　　　　　D. 字长

7. 7 位 ASCII 码共有(　　)个字符。

    A. 128   B. 256   C. 512   D. 1024

8. 一个完整的计算机系统包括(　　)。

    A. 计算机及外部设备   B. 主机、键盘、显示器

    C. 系统软件和应用软件   D. 硬件系统和软件系统

三、操作题

1. 尝试将自己家的电脑拆卸并重新安装。

2. 网上搜索电脑广告并分析其品牌、型号、CPU 等。

第 2 章

Windows 7 操作系统的使用

本章要点：

- 启动和关闭 Windows 系统。
- 鼠标和键盘的操作。
- Windows 7 桌面图标和任务栏。
- Windows 7 窗口操作。
- 菜单及对话框操作。
- 文件与文件夹操作。
- 磁盘的管理与设置。
- 汉字输入法的介绍。
- 附件程序的使用。

学习目标：

- 掌握 Windows 7 系统的使用方法。
- 掌握在 Windows 7 环境下的窗口、对话框和工具栏按钮等操作。
- 学习理论知识并进行实践操作。

2.1 启动和关闭 Windows 7 系统

作为一名首次接触 Windows 7 系统的初学者，要想熟练地掌握 Windows 7 系统的入门知识和基本操作，首先要学会启动和退出 Windows 7 系统的方法，并能在不同的用户之间切换。

2.1.1 启动 Windows 7 系统

电脑中安装好 Windows 7 操作系统之后，启动电脑的同时就会随之进入 Windows 7 操作系统。

登录 Windows 7 系统的具体步骤如下。

(1) 依次按下电脑显示器和机箱的开关，电脑会自动启动并首先进行开机自检。自检画面中将显示电脑主板、内存、显卡等信息(不同的电脑因配置不一样，所以显示的信息自然也就不相同)。

(2) 通过自检后会出现欢迎界面，根据使用该电脑的用户账户数目，界面分为单用户登录和多用户登录两种。如图 2-1、图 2-2 所示分别为单用户登录界面和多用户登录界面。

(3) 单击需要登录的用户名，然后在用户名下方的文本框中会提示输入登录密码，如图 2-3 所示。

(4) 输入登录密码，然后按 Enter 键或者单击文本框右侧的 按钮，即开始加载个人设置，经过几秒钟之后就会进入 Windows 7 系统桌面。

图 2-1　单用户登录界面

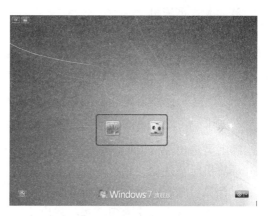

图 2-2　多用户登录界面

图 2-3　输入登录密码

2.1.2　关闭 Windows 7 系统

用户通过关机、睡眠、锁定、重新启动、注销和切换用户等操作，都可以退出 Windows 7 操作系统。

1. 关机

电脑的关机与平常使用的家用电器不同，不是简单地关闭电源就可以了，而是需要在系统中执行关机操作。

1)　正常关机

使用完电脑后都需要退出 Windows 7 系统并关闭电脑，正确的关机步骤如下。

(1)　单击【开始】按钮 ，弹出【开始】菜单，单击【关机】按钮。

(2)　系统自动地保存相关的信息并进行关机。

(3)　系统退出后，主机的电源会自动关闭，指示灯灭，这样电脑就安全地关闭了，此时用户将显示器电源开闭即可。

2) 非正常关机

关于关机还有一种特殊情况，被称为"非正常关机"。当用户在使用电脑的过程中突然出现了死机、花屏、黑屏等情况，就不能通过【开始】菜单关闭电脑了，此时用户只能持续地按住主机机箱上的电源开关按钮，片刻后主机会关闭，然后关闭显示器的电源即可。

2. 睡眠

睡眠是退出 Windows 7 操作系统的另一种方法。选择睡眠会保存会话并关闭计算机，打开计算机时会还原会话。此时电脑并没有真正地关闭，而是进入了一种低耗能状态。

让计算机睡眠的具体步骤如下。

(1) 单击【开始】按钮，弹出【开始】菜单，单击【关机】按钮中的右箭头，在弹出的【关闭选项】下拉菜单中选择【睡眠】命令。

> **提示：** 为什么睡眠更省电？这是因为当电脑进入睡眠状态后，会将使用的内容保存在硬盘上，并将电脑上所有的部件断电，因此睡眠更省电。

(2) 此时电脑即进入睡眠状态。如果用户要将电脑从睡眠状态中唤醒，则必须重新按主机上的 Power 按钮，启动电脑并再次登录，这样就能将电脑恢复到睡眠前的工作状态，用户可以继续完成睡眠前的工作。

> **提示：** 在【关闭选项】下拉菜单中还有一项【休眠】命令，它能够以最小的能耗保证电脑处于锁定状态，与【睡眠】有些相似。不过最大的不同在于，从【休眠】状态恢复到电脑原始工作状态不需要按主机上的 Power 按钮。

3. 锁定

当用户有事情需要暂时离开，但是电脑还在进行某些操作不方便停止，也不希望其他人查看自己电脑里的信息时，就可以通过这一功能来锁定电脑，恢复到用户登录界面，再次使用时只有输入用户密码才能开启电脑进行操作。具体的操作步骤如下。

(1) 单击【开始】按钮，弹出【开始】菜单，单击【关机】按钮中的右箭头，然后从弹出的【关闭选项】下拉菜单中选择【锁定】命令。

(2) 随即将锁定计算机，进入用户登录界面，此时用户只有输入登录密码才能再次使用计算机。

4. 注销

Windows 7 与之前的操作系统一样，允许多用户共同使用一台电脑上的操作系统，每个用户都可以拥有自己的工作环境并对其进行相应的设置。当需要退出当前的用户环境时，可以通过注销的方式来实现。注销功能和重新启动相似，在进行该动作前要关闭当前运行的程序，保存打开的文档，否则会造成数据的丢失。进行此操作后，系统会自动将个人信息保存到硬盘，并快速地切换到用户登录界面。具体的操作步骤如下。

(1) 单击【开始】按钮，弹出【开始】菜单，单击【关机】按钮中的右箭头，然后从弹出的【关闭选项】下拉菜单中选择【注销】命令。

(2) 如果当前用户还有程序在运行，则会弹出如图 2-4 所示的对话框。

图 2-4　关闭程序提示对话框

(3) 单击【取消】按钮，系统会取消注销操作，恢复到系统界面。如果单击【强制注销】按钮，系统会强制关闭运行程序，从而快速地切换到用户登录界面。

5. 切换用户

通过【切换用户功能】也能快速地退出当前的用户，并回到用户登录界面。具体的操作步骤如下。

(1) 打开【开始】菜单，单击菜单中的【关机】按钮中的右箭头，然后从弹出的【关闭选项】下拉菜单中选择【切换用户】命令。

(2) 系统会快速切换到用户登录界面，同时会提示当前登录的用户为"已登录"的信息。

(3) 此时用户可以选择其他的账户来登录系统，而不会影响到已登录用户的账户设置和运行的程序。

提示：【注销】和【切换用户】命令都可以快速地回到用户登录界面，但是【注销】命令要求结束程序的操作，关闭当前用户；而【切换用户】命令则允许当前用户的操作程序继续进行，不会受到影响。

6. 重新启动

通过重新启动功能也能快速地退出当前的用户，并重新启动机器。具体的操作步骤如下。

(1) 打开【开始】菜单，单击菜单中【关机】按钮的右箭头，然后从弹出的【关闭选项】下拉菜单中选择【重新启动】命令。

(2) 系统自动保存相关信息，然后重新启动进入用户登录界面。

(3) 单击需要登录的用户名，然后在用户名下方的文本框中输入登录密码，再按 Enter 键，即可开始加载个人设置，经过几秒钟之后就会进入 Windows 7 系统桌面。

2.2　鼠标和键盘的操作

在操作计算机时，有些命令必须使用鼠标和键盘来执行。鼠标和键盘就相当于我们的左手和右手，只有两者相互配合时，才能更好地实现我们的想法。

2.2.1　鼠标操作

鼠标作为计算机不可或缺的外部硬件，其主要功能有 5 种，依次是移动、单击、双击、拖动、右击。

(1)　移动：握住鼠标，在桌面上滑动。随着鼠标的移动，屏幕上的指针就会跟着移动。

(2)　单击：用食指按一下鼠标的左键，然后松开。

(3)　双击：用食指快速地连续两次单击鼠标的左键，然后松开(注意双击的动作要领：两次单击速度要快，并且操作时不能晃动鼠标)。

(4)　拖动：用食指按住鼠标的左键不放，进行移动操作，当鼠标在屏幕上的指针移到适当的位置时，再松开。

(5)　右击：就是用无名指(或中指)按一下鼠标右键，然后松开。

2.2.2　鼠标指针

鼠标指针是在计算机开始使用鼠标后为了在图形界面上标识出鼠标位置而产生的。随着计算机软件的发展，它渐渐地包含了更多的信息。在 Windows 操作系统中，它首次用不同的指针来表示不同的状态，例如系统忙、移动中、拖放中。现今流行博客，很多 blogger 可以自由编辑自己的网页，鼠标指针就成了耍宝的一大亮点。把大众化的白色箭头通过代码转换成自己喜欢的图案。当然，它也可以用于各种网络平台，比如论坛之类的。

用户也可以对鼠标指针进行更改，其操作步骤如下。

(1)　打开【控制面板】窗口，选择【硬件和声音】选项，在弹出的窗口中单击【设备和打印机】选项组下的【鼠标】链接，如图 2-5 所示。

图 2-5　单击【鼠标】链接

(2)　弹出【鼠标 属性】对话框，在【指针】选项卡中可以对指针进行设置，如图 2-6 所示。

(3)　切换到【指针选项】选项卡中，可以对指针的移动速度、对齐和可见性进行设置，如图 2-7 所示。

图 2-6　【指针】选项卡

图 2-7　【指针选项】选项卡

2.2.3　键盘的布局

键盘布局是指计算机、打字机或其他类似设备的按键在键盘上的安排方式。键盘布局的类型主要有以下两种。

(1) 机械布局：键盘的位置与按键是人们所使用的键盘布局，由计算机中的软件决定。

(2) 可视化布局：键盘按键上的标识安排。全世界采用许多不同的键盘布局，人们平常使用的布局取决于所在的国家或使用的语言。

中国使用的键盘布局如图 2-8 所示。

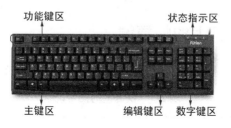
图 2-8　键盘布局

- 主键区：包括 26 个英文字母、数字 0～9、标点符号、特殊符号；空格键、控制键 Tab、大小写锁定键 CapsLock、上挡键 Shift、转换键 Alt、控制键 Ctrl、退格键 Backspace、回车键 Enter 等。

- 功能键区：包括退出键 Esc、F1～F12，唤醒键 WakeUp、休眠键 Sleep、电源开关键 Power。

- 编辑键区：包括上下左右光标键、截屏键 Print Screen SysRq、滚动锁定键 Scroll Lock、暂停键 Pause Break、插入键 Insert、删除键 Delete、行首键 Home、行尾键 End、向上翻页键 Page Up、向下翻页键 Page Down。

- 数字键区：包括 0～9、数字锁定键 Num Lock、回车键 Enter、加减乘除(+、-、*、/)及小数点(.)。

- 状态指示区：三个灯分别对应数字锁定键 Num Lock、大小写锁定键 CapsLock、滚动锁定键 Scroll Lock。

2.2.4　键盘的调整

在使用键盘之前首先要对键盘进行调整，操作步骤如下。

(1)　单击【控制面板】窗口中的【键盘】图标，如图 2-9 所示。

(2)　弹出【键盘 属性】对话框，切换到【速度】选项卡，如图 2-10 所示。

图 2-9　单击【键盘】图标　　　　　　　　图 2-10　【速度】选项卡

(3)　在【字符重复】选项组中拖动【重复延迟】滑块，可调整在键盘上按住一个键多长时间后才开始重复输入该键，拖动【重复速度】滑块可调整输入重复字符的速度；在【光标闪烁速度】选项组中拖动滑块可调整光标的闪烁频率。

(4)　单击【应用】按钮即可应用以上设置。

2.2.5　Windows 键盘上的快捷键

键盘上的一些按键本身具有特殊的功能，也是我们经常用到的，如表 2-1 所示。

表 2-1　快捷键的使用说明

按　键	名　称	说　明
Esc	强行退出键	退出当前操作，或当前操作行的命令作废
Tab	制表定位键	默认定位 8 个字符，即按一次此键光标右移 8 个字符位的距离
Caps Lock	大写字符锁定键	这是一个开关键，一般开机后按此键奇数次，Caps Lock 指示灯亮，此时处于大写字母锁定状态，键入的字母为大写字符。若指示灯灭了，则键入的字母均为小写字符
Shift	换挡键	键盘上有许多双字符，即键面上有两个字符，直接按这些键取键面标记的下部字符；按住 Shift 键再按这些键，则为该键上部的字符。另外用 Shift 键和字母键的组合，可以实现大小写之间的切换
Ctrl	控制键	与其他键组合出各种控制命令。有些操作系统中，用户可自己定义
Alt	功能键	与其他键组合出各种控制命令。有些操作系统中，用户可自己定义
Backspace	退格键	按一下光标退一个字符位，删除光标所在位置的前一个字符

续表

按　　键	名　　称	说　　明
Enter	回车键	一般用于结束一行命令或字符的输入。不论光标在任何位置，按下该键，则光标移至下一行行首
Space	空格键	键盘上最长的一个键，位于主键区中下方，长条形，无符号。按一下，光标右移一位。注意按下空格键，光标右移，屏幕上虽然没有显示，但该空白处的字符为与其他字符等效的"空"符号
PrintScreen	打印屏幕键	把屏幕当前显示的内容在已联机的打印机上打印出来
Insert	插入键	在光标所在位置插入
Delete	删除键	删除光标所在位置之后的字符。注意和 Backspace 键的区分
End	行尾键	将光标移至本行最后一个字符位
Home	行首键	将光标移至本行第一个字符位
Page Up	向上翻页	将光标移至上一屏的同一位置
Page Down	向下翻页	将光标移至下一屏的同一位置
F1～F12	定义函数功能键	F1～F12 这些功能键可以由用户自行定义。一般大多数应用程序对它们都有定义，例如 F1 键为帮助、F2 键为保存等
Pause Break	暂停终止键	
Scroll Lock	滚屏锁定键	
方向键	控制光标上下移动	

2.3　Windows 7 桌面的基本操作

登录 Windows 7 操作系统后，首先展现在用户视线前面的就是桌面。本节介绍有关 Windows 7 桌面的相关知识。用户完成的各种操作都是在桌面上进行的，它包括桌面背景、桌面图标、【开始】按钮和任务栏四部分，如图 2-11 所示。

图 2-11　Windows 7 桌面

2.3.1　桌面图标

桌面图标是由一个形象的小图片和说明文字组成，图片是它的标识，文字则表示它的名称或功能，如图 2-12 所示。

图片 ⟶ ⟵ 文字

图 2-12　桌面图标

在 Windows 7 中，所有的文件、文件夹以及应用程序都用图标来形象地表示，双击这些图标就可以快速地打开文件、文件夹或者应用程序，例如双击【计算机】图标 即可打开【计算机】窗口。

2.3.2　任务栏

在 Windows 7 中，任务栏已经是全新的设计，它拥有了新外观，除了依旧能在不同的窗口之间进行切换外，Windows 7 的任务栏看起来更加方便，功能更加强大和灵活。它主要由程序按钮区、通知区域和【显示桌面】按钮 3 部分组成，如图 2-13 所示。

程序按钮区　　　　　　　　　　　　　　　　通知区域　　　　　　【显示桌面】按钮

图 2-13　任务栏

1. 程序按钮区

程序按钮区主要放置的是已打开窗口的最小化按钮，单击这些按钮就可以在窗口间切换。在任意一个程序按钮上右击，则会弹出 Jump List 菜单。用户可以将常用程序锁定到任务栏上，以方便访问，还可以根据需要通过单击和拖曳操作重新排列任务栏上的图标，如图 2-14 所示。

Windows 7 任务栏还增加了 Aero Peek 新的窗口预览功能，用鼠标指向任务栏图标，可预览已打开文件或者程序的缩略图，如图 2-15 所示，然后单击任意缩略图，即可打开相应的窗口。

图 2-14　程序按钮区

图 2-15　显示缩略图

2. 通知区域

通知区域位于任务栏的右侧，除了系统时钟、音量、网络和操作中心等一组系统图标之外，还包括一些正在运行的程序图标，或提供访问特定设置的途径。用户看到的图标集取决于已安装的程序或服务，以及计算机制造商设置计算机的方式。将鼠标指针移向特定图标，会看到该图标的名称或某个设置的状态。有时，通知区域中的图标会显示小的弹出窗口(称为通知)，向用户通知某些信息。同时，用户也可以根据自己的需要设置通知区域的显示内容。

3. 【显示桌面】按钮

在 Windows 7 系统任务栏的最右侧增加了既方便又常用的【显示桌面】按钮，作用是快速地将所有已打开的窗口最小化，这样查找桌面文件就会变得很方便。在以前的系统中，它被放在快速启动栏中。

鼠标指向该按钮，所有已打开的窗口就会变成透明，显示桌面内容；鼠标移开，窗口则恢复原状；单击该按钮则可将所有打开的窗口最小化。如果希望恢复显示这些已打开的窗口，也不必逐个从任务栏中单击，只要再次单击【显示桌面】按钮，所有已打开的窗口又会恢复为显示的状态。

虽然在 Windows 7 中取消了快速启动，但是快速启动功能仍在，用户可以把常用的程序添加到任务栏上，以方便使用。

2.4　Windows 7 窗口操作

在 Windows 7 操作系统中，窗口是最具特色、使用最频繁的要素。窗口这个要素不仅仅在 Windows 中出现，而且在其他软件环境中也常常出现。

1. 打开窗口

用户可以通过以下两种方法打开窗口。

(1) 选中要打开的窗口图标，然后双击。

(2) 在选中的图标上右击，在弹出的快捷菜单中选择【打开】命令，如图 2-16 所示。

2. 关闭窗口

当某个窗口不再使用时，需要将其关闭以节省系统资源。下面以打开的【控制面板】窗口为例，介绍关闭窗口的5 种方法。

(1) 利用【关闭】按钮：单击【控制面板】窗口右上角的【关闭】按钮即可将其关闭。

(2) 利用【文件】菜单：在【控制面板】窗口的菜单栏上选择【文件】|【关闭】命令，即可将其关闭。

(3) 利用右键快捷菜单：在【控制面板】窗口的标题栏上右击，从弹出的快捷菜单中

图 2-16　选择【打开】命令

选择【关闭】命令，即可将其关闭。

(4) 利用组合键：选择当前要关闭的窗口，按 Alt+F4 组合键可以快速地将窗口关闭。

(5) 利用任务栏：在任务栏上的【控制面板】图标 上右击，从弹出的快捷菜单中选择【关闭窗口】命令，如图 2-17 所示，即可将其关闭。

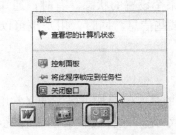

图 2-17　利用任务栏关闭窗口

3．调整窗口大小

调整窗口大小有以下 3 种方法。

(1) 通过位于窗口标题栏右边的【最小化】按钮、【最大化】按钮、【还原】按钮调整窗口的大小。

(2) 通过控制菜单中的【最小化】、【最大化】、【还原】菜单命令调整窗口的大小，这与方法(1)是等效的，如图 2-18 所示。

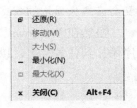

图 2-18　控制菜单命令

① 最大化：将窗口放大到填满整个屏幕，以显示出窗口中更多的内容。

② 最小化：将窗口缩小到任务栏上的一个小按钮，暂时不使用，又不想关闭该窗口时使用。

③ 还原：是窗口回到被最大化之前的尺寸。

当窗口为全屏幕时，【最小化】和【还原】都可以使用；当窗口是其他尺寸时，【最大化】和【还原】可以使用。

(3) 拖动窗口的边框，任意调整窗口的大小。当将鼠标指针移动到窗口四周的边框时，指针会变为双向箭头，此时拖动鼠标就可以调整窗口的大小；当鼠标指针指向窗口的各个角点，此时图标也会变为双向箭头，单击鼠标左键拖动时可以同时调整窗口的宽与高。

4．移动窗口

有时桌面上会同时打开多个窗口，这样就会出现某个窗口被其他窗口内容挡住的情况，对此用户可以将需要的窗口移动到合适的位置。具体的操作步骤如下：

(1) 将鼠标指针移动到其中一个窗口的标题栏上，此时鼠标指针变成 形状；

(2) 按住鼠标左键不放，将其拖动到合适的位置后释放即可。

5．排列窗口

当桌面上打开的窗口过多时，就会显得杂乱无章，这时用户可以通过设置窗口的显示形式对窗口进行排列。

在任务栏的空白处右击，弹出的快捷菜单中包含了显示窗口的 3 种形式，即层叠窗口、堆叠显示窗口和并排显示窗口，如图 2-19～图 2-21 所示，用户可以根据需要选择一种窗口的排列形式，对桌面上的窗口进行排列。

图 2-19　层叠窗口

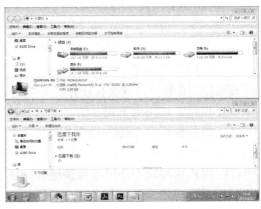

图 2-20　堆叠显示窗口

图 2-21　并排显示窗口

6. 切换窗口

在 Windows 7 系统环境下可以同时打开多个窗口，但是当前活动窗口只能有一个。因此用户在操作的过程中经常需要在不同的窗口间切换。切换窗口的方法有以下几种。

1) 利用 Alt+Tab 组合键切换窗口

若想在多程序中快速地切换到需要的窗口，可以通过 Alt+Tab 组合键实现。在 Windows 7 中利用该方法切换窗口时，会在桌面中间显示预览小窗口，桌面也会即时切换显示窗口。具体方法：按住 Alt 键不放，再按 Tab 键逐一挑选窗口图标，当方框移动到需要使用的窗口图标时释放，即可打开相应的窗口。

2) 利用 Alt+Esc 组合键切换窗口

用户也可以通过 Alt+Esc 组合键在窗口之间切换。使用这种方法可以直接在各个窗口之间切换，而不会出现窗口图标方块。

3) 利用 Ctrl 键切换窗口

如果用户想打开同类程序中的某一个程序窗口，例如打开任务栏上多个 Word 文档程序中的某一个，可以按住 Ctrl 键，同时用鼠标重复单击 Word 程序图标按钮，就会弹出不同的 Word 程序窗口，直到找到想要的程序后停止单击即可。

4) 利用程序按钮区切换窗口

每运行一个程序，就会在任务栏上的程序按钮区中出现一个相应的程序图标按钮，要想切换程序窗口，可使用下列方法。

(1) 将鼠标停留在任务栏中某个程序图标按钮上，任务栏上方就会显示该程序打开的所有内容的小预览窗口，单击该预览窗口即可快速打开该内容窗口。

(2) 用户也可以不使用鼠标来选择。按住 Alt 键，然后在任务栏中已运行的程序图标上用鼠标左键单击一下，任务栏中该图标的上方就会显示该类程序打开的文件预览窗口。然后松开 Alt 键，按下 Tab 键，就会在该类程序的几个文件窗口间切换，选定后按下 Enter 键即可。

2.5　菜单及对话框的操作

在 Windows 7 中，除了窗口之外，还有两个比较重要的组件，那就是菜单和对话框，本节将介绍它们的相关知识。

2.5.1　菜单的组成及操作

大多数的程序都包含有许多使其运行的命令，其中很多命令就存放在菜单中，因此可以将菜单看成是由多个命令按类别集合在一起而构成的。

1. 菜单的分类

Windows 7 操作系统中的菜单可以分为两类：一类是普通菜单，即下拉菜单；另一类是右键快捷菜单。

1) 普通菜单

为了用户更加方便地使用菜单，Windows 7 将菜单统一放在窗口的菜单栏中。单击菜单栏中的某个菜单项即可弹出普通菜单，如图 2-22 所示。

2) 右键快捷菜单

在 Windows 7 操作系统中还有一种菜单被称为快捷菜单，用户只要在文件或文件夹、桌面空白处、窗口空白处、任务栏空白处等区域右击，即可弹出一个快捷菜单，其中包含对选中对象的一些操作命令，如图 2-23～图 2-26 所示。

图 2-22　普通菜单

图 2-23　右键快捷菜单

图 2-24　窗口快捷菜单

图 2-25　桌面快捷菜单

图 2-26　任务栏快捷菜单

有关快捷菜单中的命令说明如下。

(1) 暗淡的命令：表示该菜单命令当前不可用。

(2) 前面有复选标记(√)：表示这是个开关切换命令。" √ "表示打开状态。

(3) 前面有单选标记点(●)：表示当前命令是同组命令中的排他性命令。如图 2-24 所示的【名称】、【类型】、【总大小】、【可用空间】4 个命令中只能选择 1 个且必须选择 1 个，当前选择的是【名称】查看方式。

(4) 括号内的字母：表示该菜单命令的字母键，在鼠标指针指向该命令时，在弹出下拉菜单的同时按下字母键，就会打开该菜单命令。

(5) 后带省略号：表示选择这样一个菜单命令后会弹出一个对话框，要求输入必需的信息。

(6) 后带有组合键：表示按下组合键，可以不打开菜单而直接执行菜单命令。

(7) 后带三角形：表示该菜单命令有一个级联菜单，指向它会出现下一级子菜单。

(8) 向下的双箭头：菜单中有许多命令没有显示，会出现一个双箭头，单击它会显示所有的菜单命令。

2. 菜单的使用

Windows 7 操作系统的菜单中包含了很多命令，用户可以通过这些命令来完成各种操作。

这里以【回收站】为例，介绍一下右键快捷菜单的使用。

(1) 在桌面上的【回收站】图标 上右击，即可弹出快捷菜单，如图 2-27 所示。

图 2-27　【回收站】快捷菜单

(2) 可以看到在菜单中列出了相关的菜单项，用户可以根据需要选择其中的某项进行操作。例如选择【创建快捷方式】命令，即可在桌面上创建一个【回收站】的快捷方式图标。

2.5.2 对话框的组成及操作

对话框也是一种窗口，但它比较特殊。在执行某命令时，如果 Windows 7 需要用户提供更详细的操作数据，就会打开一个对话框，与用户进行交互操作。

1. 对话框的组成

对话框由标题栏、选项卡、组合框、文本框、列表框、下拉列表框、微调框、命令按钮、单选按钮和复选框等组成。

1) 标题栏

标题栏位于对话框的最上方，系统默认是深蓝色的，其左侧是该对话框的名称，右侧是对话框的【关闭】按钮，如图 2-28 所示。

2) 选项卡

标题栏的下方就是选项卡，每个对话框都有多个选项卡，用户可以通过在不同选项卡之间的切换来查看和设置相应的信息。例如【查找和替换】对话框是由【查找】、【替换】、【定位】3 个选项卡组成，如图 2-29 所示。如果需要切换到其他的选项卡，直接单击相应的标签即可。例如，单击【替换】标签，即可切换到【替换】选项卡。

图 2-28 标题栏　　　　图 2-29 【查找和替换】对话框

3) 组合框

在选项卡中通常会有不同的组合框，用户可以在这些组合框中完成需要的操作。

4) 文本框

在某些对话框中会要求输入一些内容，以作为下一步操作的必要条件，这个空白区域就称为文本框。用户可以输入新的文本信息，也可对原有信息进行修改或者删除。

在 Windows 7 操作系统中，文本框还具有自动记忆功能。当用户多次使用文本框时，系统会自动记录在文本框中输入的内容，如果下次需要输入相同的内容，在其下拉列表中选择系统记录的信息即可。例如，在【查找和替换】对话框中查看信息，只要单击【查找内容】下拉列表框右侧的下拉按钮，即可在下拉列表中看到曾经输入的 msconfig 命令，如图 2-30 所示。

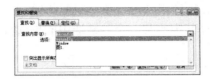

图 2-30　查看曾经输入的 msconfig 命令

5)　列表框

Windows 7 已经将可以输入的数据类型整理好，将结果放在列表框中，用户可以直接选择，如图 2-31 所示的【组或用户名】列表框。

6)　下拉列表框

下拉列表框具有下拉列表和文本框的双重功能，用户既可以输入信息，也可以从弹出的下拉列表中选择自己需要的选项，如图 2-32、图 2-33 所示。

图 2-31　列表框　　　　图 2-32　输入文本信息　　　　图 2-33　选择列表选项

7)　微调框

微调框是由文本框和调整按钮结合组成的，用户既可以从中输入数值，也可以通过调整按钮来设置需要的数值，如图 2-34 所示。

8)　命令按钮

命令按钮是对话框中带有文字的突出的矩形区域，常见的命令按钮有【确定】按钮和【取消】按钮等，如图 2-35 所示。

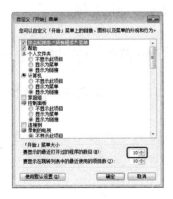 

图 2-34　微调框　　　　　　　　　　　图 2-35　命令按钮

9) 单选按钮

单选按钮就是经常在组合框中出现的一个小圆圈图标 。通常在一个组合框中会有多个单选按钮，但用户只能选择其中的某一个，被选中的单选按钮中间会出现一个实心的小圆点图标 ，如图 2-36 所示。

10) 复选框

复选框是在对话框中经常出现的小正方形图标 。与单选按钮不同的是，在一个组合框中用户可以同时选中多个复选框，各个复选框的功能是叠加的。当某个复选框被选中时，在其对应的小正方形中会有一个"√"标识，如图 2-37 所示。

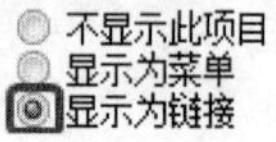

图 2-36　单选按钮

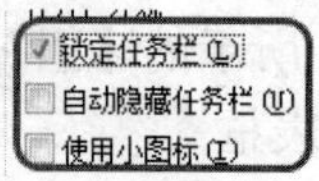

图 2-37　复选框

2. 对话框的操作

对话框的基本操作包括对话框的移动和关闭，以及对话框中各选项卡之间的切换。

1) 移动对话框

移动对话框的方法有以下两种。

(1) 手动：将鼠标指针移动到对话框的标题栏上，此时指针变成 形状，按住鼠标左键不放，然后将对话框拖到指定位置释放即可。

(2) 利用右键弹出的快捷菜单：将鼠标指针移动到对话框的标题栏上，单击鼠标右键，从弹出的快捷菜单中选择【移动】命令，此时鼠标指针变成 形状，移动鼠标指针将对话框移动到合适的位置后释放即可。

2) 关闭对话框

和关闭窗口相似，关闭对话框可以通过以下 3 种方法实现。

(1) 利用【关闭】按钮 ：单击对话框标题栏右侧的【关闭】按钮 ，即可关闭对话框。

(2) 利用右键快捷菜单：将鼠标指针移动到对话框标题栏上，单击鼠标右键，从弹出的快捷菜单中选择【关闭】命令。

(3) 利用组合键：通过按 Alt+F4 组合键可以快速地将对话框关闭。

3) 切换选项卡

通常情况下，一个对话框由几个选项卡组成，用户可以通过鼠标和键盘进行各选项卡之间的切换。

(1) 利用鼠标切换：通过鼠标来进行切换很简单，只需用鼠标直接单击要切换的选项卡的标签即可。

(2) 利用键盘切换：用户可以按 Ctrl+Tab 组合键从左到右切换各个选项卡，按 Ctrl+Shift+Tab 组合键可以从反向切换。

2.6　文件与文件夹操作

在操作系统中大部分的数据都是以文件的形式存储在磁盘上，用户对计算机的操作实际上就是对文件的操作，而这些文件的存放场所就是各个文件夹，因此文件和文件夹在操作系统中是至关重要的。

2.6.1　文件与文件夹的基本概念

1. 文件

文件是数据在磁盘上的组织形式，不管是文章、声音、还是图像，最终都将以文件形式存储在计算机的磁盘上。

在操作系统中，每个文件都有一个属于自己的文件名，文件名的格式是"主文件名.扩展名"。主文件名用于表示文件的名称，扩展名主要说明文件的类型。例如名为"cad.exe"的文件，"cmd"为主文件名，"exe"为扩展名，表示该文件为可执行文件。

表 2-2 列出了一些常见文件的扩展名及其对应的文件类型。

表 2-2　不同的文件扩展名

文件扩展名	文件类型
asf	声音/图像媒体文件
avi	视频文件
wav	音频文件
bat	MS-DOS 环境中的批处理文件
rar	WinRAR 压缩文件
bkf	备份文件
docx	Microsoft Word 2007 文件
html	超文本文件
ico	图示文件
inf	软件安装信息文件
jpeg	图像压缩文件
log	日志文件
bmp	位图文件(一种图像文件)
mid	音频压缩文件
MP3	采用 MPEG-1 Layout3 标准压缩的音频文件
pdf	图文多媒体文件
sys	系统文件
zip	压缩文件
txt	文本文件

续表

文件扩展名	文件类型
tiff	图像文件
wps	WPS 文本文件
psd	Photoshop 中使用的标准图形文件格式

文件的种类很多，运行方式各不相同。不同文件的图标也不一样，只有安装了相关的软件才会显示正确的图标。

提示：在 Windows 7 操作系统中还有一类主要用于支持各种应用程序运行的特殊的文件，其中存储着一些重要的信息。扩展名为 ".sys" ".drv" 和 ".dll" 等，这类文件是不能被执行的。

2. 文件夹

文件夹是一种计算机磁盘空间里面为了分类储存电子文件而建立独立路径的目录，"文件夹"就是一个目录名称，我们可以暂且称之为"电子文件夹"。它提供了指向对应磁盘空间的路径地址，它可以有扩展名，但不具有文件扩展名的作用，也就不像文件那样用扩展名来标识格式。但它有几种类型，如文档、图片、相册、音乐、音乐集等。使用文件夹的最大优点是为文件的共享和保护提供了方便。

2.6.2　浏览文件与文件夹

对文件的查看和操作一般会先进入【计算机】窗口，实际上【计算机】窗口中管理文件的功能比较简单。相比而言，【资源管理器】则是一个功能强大的程序，用户可以在这里迅速地查找、移动、拷贝、执行文件，还可以建立、查找、移动和拷贝文件夹等。

提示：从界面上看，【Windows 资源管理器】和【计算机】窗口比较相似；从功能上看，两者都可以管理文件(或文件夹)。但是请大家注意：后者仅仅是一个特殊的文件夹，而前者却是一个管理文件(或文件夹)的程序。

启动资源管理器的方法有以下几种。

(1)　右击【开始】菜单，在弹出的快捷菜单中选择【资源管理器】命令。

(2)　选择【开始】|【所有程序】|【附件】|【Windows 资源管理器】命令。

(3)　快捷键：使用 Win+E 组合键可打开资源管理器。

资源管理器左边的叫文件夹目录，右边是左边所选文件夹的子文件夹。

+：代表下面有子文件夹。

−：说明下面没有子文件夹，它处于完全展开状态。

2.6.3　选择文件与文件夹

选择文件与文件夹的方法如下。

- 选择单个文件或文件夹：用鼠标单击。
- 选择多个不连续的文件或文件夹：按住 Ctrl 键的同时单击要选定的文件或文件夹。
- 选择多个连续的文件或文件夹：按住 Shift 键的同时单击最末的那个文件或文件夹。
- 选择当前所有文件或文件夹：按 Ctrl+A 组合键。

取消选择文件或文件夹的方法如下。

- 取消选定一个：按住 Ctrl 键的同时单击要取消的对象。
- 全部取消选定：单击其他任意地方。

💡 注意：对文件和文件夹进行任何操作，都要先选定它。

2.6.4　移动、复制文件和文件夹

移动文件又称剪切文件，是指源文件从原来位置上消失，而出现在指定位置上；复制文件是将原来位置上的源文件保留不动，而在指定的位置上建立源文件副本。移动、复制的方法很多。虽然方法不同，但操作的流程和要求都是一致的。图 2-38 所示的就是移动、复制的操作流程。

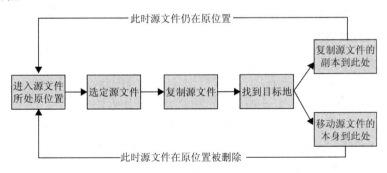

图 2-38　移动、复制流程

1. 移动文件或文件夹

移动文件或文件夹也可以通过以下 4 种方法实现。

1) 通过选择右键快捷菜单中的【剪切】和【粘贴】命令

(1) 选中文件，然后在其上右击，从弹出的快捷菜单中选择【剪切】命令。

(2) 打开存放该文件或文件夹的目标位置，然后右击，从弹出的快捷菜单中选择【粘贴】命令，即可实现文件或文件夹的移动。

2) 通过选择工具栏上的【组织】下拉菜单

(1) 选中文件，然后单击【组织】按钮，从弹出的下拉菜单中选择【剪切】命令，如图 2-39 所示。

(2) 打开存放该文件或文件夹的目标位置，然后单击【组织】按钮，从弹出的下拉菜单中选择【粘贴】命令，如图 2-40 所示，即可实现文件或文件夹的移动。

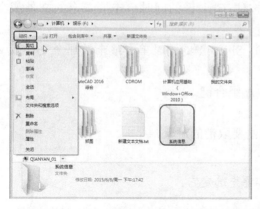

图 2-39 在下拉菜单中选择【剪切】命令

图 2-40 在下拉菜单中选择【粘贴】命令

3) 通过鼠标拖动

选中要移动的文件或文件夹，按住鼠标不放，将其拖动到目标文件夹中，然后释放即可实现移动操作。

4) 通过组合键

选中要移动的文件或文件夹，按 Ctrl+X 组合键，然后打开要存放该文件或文件夹的目标位置，接着在该目标位置处按 Ctrl+V 组合键，即可完成对文件或文件夹的移动。

2．复制文件或文件夹

复制文件或文件夹的方法有以下 4 种。

1) 通过右键快捷菜单

这里以复制【我的资料夹】文件夹为例，具体的操作步骤如下。

(1) 选中文件，单击鼠标右键，从弹出的快捷菜单中选择【复制】命令。

(2) 打开要存放副本的磁盘或文件夹窗口，然后在空白处单击鼠标右键，从弹出的快捷菜单中选择【粘贴】命令，即可将文件夹复制到此文件夹窗口中。

2) 通过工具栏上的【组织】下拉菜单

使用这种方法的具体操作步骤如下。

(1) 选中要复制的文件或文件夹，单击工具栏上的【组织】按钮，从弹出的下拉菜单中选择【复制】命令。

(2) 打开要存放副本的磁盘或文件夹窗口，然后单击【组织】按钮，从弹出的下拉菜单中选择【粘贴】命令，即可将复制的文件粘贴到打开的分区或文件夹窗口中。

3) 通过鼠标拖动

这里以"系统信息"文件为例，介绍使用鼠标拖动复制文件的具体步骤。

(1) 选中"系统信息"文件，按住 Ctrl 键的同时，拖动鼠标到目标位置文件夹"我的资料夹"中。

(2) 释放鼠标和 Ctrl 键，即可将"系统信息"文件复制到"我的资料夹"文件夹中。

4)　通过组合键

按 Ctrl+C 组合键可以复制文件，在目标位置空白处按 Ctrl+V 组合键可以粘贴文件。

2.6.5　删除、还原文件和文件夹

Windows 中被删除的文件临时存放在回收站中，也就是继续存放在硬盘中。如果想恢复它们，可以从回收站中还原文件；如果确定不再需要它们，可以清除被删除的文件，这样会节省硬盘空间。

1. 删除文件或文件夹

删除文件或文件夹的方法有很多，主要有如下一些方法。

(1)　选择要删除的文件或文件夹，按键盘上的 Delete 键将选中的文件或文件夹删除。

(2)　选择要删除的文件或文件夹，选择菜单栏中的【组织】|【删除】命令，即可将选中的文件或文件夹删除。

(3)　选择要删除的文件或文件夹，直接将文件拖动到【回收站】中。

(4)　选择要删除的文件或文件夹，单击鼠标右键，在弹出的快捷菜单中选择【删除】命令。

不论执行哪一种方法，系统都会弹出一个【删除文件夹】对话框，如图 2-41 所示。如果确实要删除，单击【是】按钮，否则单击【否】按钮即可。

图 2-41　【删除文件夹】对话框

提示：　上面使用的删除命令只是将文件或文件夹移入到回收站中，并没有从磁盘上清除，如果还需要使用该文件或文件夹，可以从回收站中恢复。此外，如果要彻底删除文件或文件夹，则可以先选择要删除的文件或文件夹，按 Shift+Delete 组合键即可将选择的文件或文件夹彻底删除。

2. 还原文件或文件夹

用户将一些文件或文件夹删除后，若发现又需要用到该文件，只要没有将其彻底删除，就可以从回收站中将其恢复，具体的操作步骤如下。

(1)　双击桌面上的【回收站】图标，弹出【回收站】窗口，窗口中列出了被删除的所有文件或文件夹。选中要恢复的文件或文件夹(这里选中【新建文件夹】)，然后单击鼠标右键，从弹出的快捷菜单中选择【还原】命令，如图 2-42 所示；或者单击工具栏上的【还原此项目】按钮。

图 2-42 选择要还原的文件

(2) 此时被还原的文件就会重新回到原来被存放的位置。

提示：在桌面上的【回收站】图标上单击鼠标右键，从弹出的快捷菜单中选择
【清空回收站】命令，会弹出【删除多个项目】确认对话框，然后单击
【是】按钮，也可以将所有的项目彻底删除。

2.6.6 新建文件夹

用户可以在任何时候，在磁盘中的任何文件夹中创建一个新文件夹，但不能与当前的
文件夹重名。下面将介绍新建文件夹的操作方法。

1) 通过菜单栏新建文件夹

(1) 打开要新建文件夹的驱动器或文件夹。

(2) 选择【文件】|【新建】|【文件夹】命令，此时就会在该驱动器或文件夹中出现一
个新的文件夹，并且该文件夹的名称处于可编辑状态。新建文件夹的名称默认为"新建文
件夹"，如果再新建一个文件将以"新建文件夹(2)"命名，再连续新建文件夹时，再以
"新建文件夹(3)"命名，依此类推。

(3) 新建的文件夹名处于可编辑状态，可以直接输入一个恰当的名字，为新建文件夹
重命名。

2) 通过快捷菜单新建文件夹

在任一驱动器中，单击鼠标右键，在弹出的快捷菜单中选择【新建】|【文件夹】命令
就可以新建一个文件夹。

2.6.7 重新命名文件和文件夹

对新建的文件和文件夹，系统默认的名称是"新建文件夹"，用户可以根据需要对其
重新命名，以方便查找和管理。

1. 重命名单个文件或文件夹

可以通过以下 4 种方法对文件或文件夹重命名。

(1) 在文件上单击鼠标右键，从弹出的快捷菜单中选择【重命名】命令。

(2)　首先选中需要重命名的文件或者文件夹，单击所选文件或文件夹的名称使其处于可编辑状态，然后直接输入文件或文件夹的新名称即可。

(3)　选择需要重命名的文件或文件夹，然后单击工具栏上的【组织】按钮，从弹出的下拉菜单中选择【重命名】命令。

(4)　通过快捷键 F2 进行重命名。

2. 批量重命名文件或文件夹

有时需要重命名多个相似的文件或文件夹，这时用户就可以使用批量重命名文件或文件夹的方法，这样能方便快捷地完成操作。具体的操作步骤如下。

(1)　在磁盘分区或文件夹窗口中选中需要重命名的多个文件夹。

(2)　单击工具栏上的【组织】按钮，从弹出的下拉菜单中选择【重命名】命令。

(3)　此时，所选中的文件夹中的第 1 个文件夹的名称处于可编辑状态，如图 2-43 所示。

(4)　直接输入新的文件夹名称，这里输入"文档"，在窗口的空白区域单击或者按 Enter 键，可以看到所选的 9 个文件夹都已经重新命名，如图 2-44 所示。

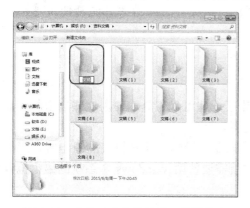

图 2-43　文件夹的名称处于可编辑状态

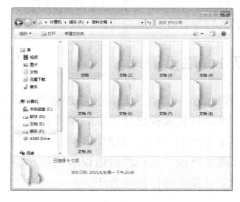

图 2-44　重新命名后的文件夹

2.6.8　寻找文件与文件夹

想要在计算机里寻找一个只有少许信息的文件或文件夹，无疑是大海捞针。幸亏 Windows 7 系统提供了强大的搜索功能，可以搜索文件或文件夹、Internet 中的内容、网络上的计算机或计算机用户等。

1)　启动搜索程序

启动搜索程序的方法如下。

(1)　单击【开始】按钮，在【搜索】文本框中输入要搜索的内容。默认的【搜索范围】是全部硬盘驱动器。

(2)　在资源管理器右上角的【搜索】输入框中输入要搜索的内容。默认的【搜索范围】是当前文件夹。

2)　使用搜索程序

用户可以利用已知的某些相关信息来搜索文件或文件夹，如可根据文件名或部分文件名、文件类型、文件大小、文件的创建日期、文件的修改日期、文件的最近访问日期及文件中的内容来搜索。

2.6.9 创建快捷方式

创建某一对象快捷方式的方法有多种，这里重点介绍使用菜单命令创建快捷方式的方法，具体操作步骤如下。

(1) 在【资源管理器】窗口中选定要建立快捷方式的目标对象。

(2) 选择【文件】|【创建快捷方式】命令，系统会在当前窗口建立该对象的快捷方式，默认情况下快捷方式的名称为文件名称。

(3) 拖动快捷方式图标到需要的位置，如桌面或任意文件夹内。

2.7 管理与设置

为了更好地使用计算机，Windows 7 允许用户对计算机及其大多数部件的外观与设置进行修改。Windows 7 的个性化设置可以体现特点，提高工作效率。通常使用【控制面板】进行个性化环境设置。

2.7.1 磁盘管理

Windows 7 作为最常使用的操作系统，自带了一些磁盘工具，使用这些自带的磁盘工具，可以有效地管理计算机的硬件和进行软件配置。

在用户的计算机系统中，由于各种原因，诸如非法操作、计算机突然断电等，可能会造成磁盘错误，包括逻辑错误和物理错误，这时就需要使用 Windows 7 系统的磁盘检查程序对磁盘错误进行检查修正。

1. 磁盘扫描

使用磁盘检查程序的操作步骤如下。

(1) 在【计算机】窗口中，右击需要进行磁盘检查的驱动器，在弹出的快捷菜单中选择【属性】命令，打开【属性】对话框，如图 2-45 所示。

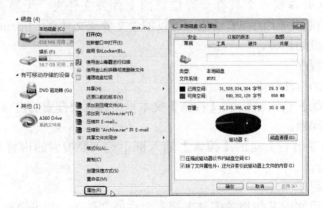

图 2-45 打开【属性】对话框

(2) 在【属性】对话框中切换到【工具】选项卡，在【查错】选项组中单击【开始检查】按钮，弹出【检查磁盘】对话框，如图 2-46 所示。

图 2-46　单击【开始检查】按钮弹出【检查磁盘】对话框

(3) 在【检查磁盘】对话框中选中相应的复选框(这里为了查看出错的原因，最好是不进行选择)，然后单击【开始】按钮即可进行磁盘检查，检查完毕后系统会自动弹出对话框，在该对话框中单击【关闭】按钮即可。

2. 整理磁盘碎片

用户在计算机硬盘中删除一些不用的程序或文件，或安装一些新的应用程序，都会使硬盘上产生越来越多的碎片，系统性能就会显著下降。

为了提高系统性能，可以对已使用文件的磁盘碎片进行重新整理，将它们存放在连续的空间里，把没有使用的空间集中到硬盘的尾部，这样就可以加快文件的读取速度。

选择【开始】|【所有程序】|【附件】|【系统工具】|【磁盘碎片整理程序】命令，即可对磁盘中的碎片进行整理，如图 2-47 所示。

图 2-47　整理磁盘碎片

2.7.2 设置显示器

不同大小的显示器有不同的分辨率，合适的分辨率除了能有很好的美观性外，还可以提高工作效率。如图 2-48 所示为【屏幕分辨率】设置对话框，通过该对话框可对分辨率进行设置。

图 2-48 设置屏幕分辨率

打开【屏幕分辨率】对话框的方法有以下两种。

(1) 打开【控制面板】窗口，单击【显示】图标，再单击【更改显示器设置】。

(2) 右键单击桌面空白处，在弹出的快捷菜单中选择【屏幕分辨率】命令。

此对话框含有几个选项，分别控制几组不同的选项，可设置显示器的各项属性。

● 【分辨率】选项：设置显示器的分辨率。

● 【方向】选项：设置显示器的方向。

2.7.3 【控制面板】的使用

如图 2-49 所示为【控制面板】对 Windows 7 系统进行设置的工具集，用户可以根据自己的爱好更改显示器、键盘、打印机、鼠标器、桌面、系统时间、日期、字体等设置，还可以进行声音和多媒体、扫描仪和照相机等硬件的设置。启动【控制面板】窗口有很多种方法，下面列出两种常用方法。

图 2-49 【控制面板】窗口

(1) 选择【开始】|【控制面板】命令，打开【控制面板】窗口。

(2) 在【计算机】窗口中单击【打开控制面板】图标，打开【控制面板】窗口。

2.8　汉字输入法介绍

Windows 7 提供了微软拼音-简捷 2010、微软拼音-新体验 2010 等键盘输入方法。此外还可以安装其他汉字输入法，比较常用的有五笔字型输入法、搜狗输入法等。

【实例 2-1】字库的安装

对于系统的字体，我们一般都是以精简系统作为选择，以节省系统盘的空间，把多余的字体都处理掉。但是设计师、编辑等职业因为工作需要，用到的字体会很多，所以就需要安装大量字体，其操作步骤如下。

(1) 先下载好我们需要安装的字体，如果是 ZIP 类的压缩格式文件，需要先把它们解压。

(2) 把字体复制到 C:\Windows\Fonts 文件夹，这样，字体就会自动安装了。

2.8.1　输入法的切换

在默认情况下，Windows 7 是关闭中文输入法的。要想输入汉字，首先要打开中文输入法。打开中文输入法有两种方法，这里以打开微软拼音-简捷 2010 为例进行讲解。

1. 鼠标方式

单击系统托盘中的输入法按钮，在弹出的输入法菜单中单击某个输入法(如微软拼音-简捷 2010)，如图 2-50 所示。

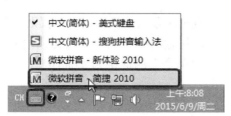

图 2-50　用鼠标选择输入法

2. 键盘方式

按 Ctrl+空格组合键启动或关闭中文输入法。当系统安装了几种中文输入法时，就不能保证一定能切换到微软拼音-简捷 2010，这时按 Ctrl+Shift 组合键可以切换输入法。此时，系统托盘中的输入法图标变为，说明微软拼音-简捷 2010 输入法已经成功启动。

(1) Ctrl+空格组合键：启动或关闭中文输入法。

(2) Ctrl+Shift 组合键：在各种输入法之间切换。

2.8.2 智能 ABC 输入法

在使用智能 ABC 输入法进行汉字输入时，可采用全拼、简拼和混拼输入。

1. 全拼输入

如果对汉语拼音比较熟练，可以使用全拼输入法。规则：按规范的汉语拼音输入，输入过程和书写汉语拼音的过程完全一致。

在输入的过程中，可以按词输入，词与词之间用空格或者标点隔开。如果您不会输入词，可以一直写下去，超过系统允许的字符个数时，系统将响铃警告。在输入词组时，要注意隔音符号的使用。

如果屏幕提示的内容与希望的不同，可按退格键返回，并按屏幕提示依次选择希望的文字。如果屏幕提示的同音字较多，而且第一屏没有希望的文字，可单击"+"或"-"按钮向后或向前翻页查找，找到后按对应的数字键完成输入(在第一位的文字，可按空格键完成输入)。

使用这种方法完成输入后，当再次使用同样的编码时，系统会自动显示该词，体现了"智能"输入法的特点。

2. 简拼输入

如果对汉语拼音把握不准确，可以使用简拼输入。规则：取各个音节的第一个字母组成，对于包含 zh、ch、sh 的音节，也可以取前两个字母组成。例如"计算机"的全拼为"jisuanji"，简拼为"jsj"；"长城"的全拼为"changcheng"，简拼为"cc""cch""chc"或"chch"。

3. 混拼输入

汉语拼音开放式、全方位的输入方式是混拼输入。规则：两个音节以上的词语，有的音节全拼，有的音节简拼。在混拼输入某些词组时，必须输入引号(')作隔音符号。例如"历年"的混拼应为"li'n"，"单个"的混拼为"dan'g"，"金沙江"的混拼为"jinsj"或"jshaj"。

【实例 2-2】安装搜狗输入法

在安装搜狗输入法之前，首先在官网下载搜狗输入法的安装包，然后对其进行安装，操作步骤如下。

(1) 打开随书附带网络资源中的"CDROM\素材\第 2 章\sogou_pinyin_76c.exe"文件，单击鼠标右键，在弹出的快捷菜单中选择【打开】命令，弹出搜狗输入法 7.6 正式版的安装向导对话框，在该对话框中可以设置程序的安装位置，保持默认并单击【立即安装】按钮，如图 2-51 所示。

(2) 系统开始对输入法进行安装。

(3) 安装完成后，弹出【搜狗拼音输入法 7.6 正式版安装完成】对话框，取消选中所有复选框，然后单击【完成】按钮，如图 2-52 所示，即可完成搜狗输入法的安装。

图 2-51　设置安装位置

图 2-52　单击【完成】按钮

2.9　其他附件程序的使用

Windows 中的"附件"是系统附带的一套功能强大的实用工具集，资源管理器就是其中的附件之一。单击【开始】按钮　，选择【所有程序】|【附件】命令，即可启动附件中的应用程序。下面介绍几种常用的附件。

2.9.1　记事本的使用

记事本是一个简单的文本编辑器。虽然它的功能远远不如其他文字处理软件，但其运行速度快、占用空间小，非常实用。

1)　创建一个新文件

选择【开始】|【所有程序】|【附件】|【记事本】命令，系统会自动打开一个空白的无标题的记事本文档编辑窗口；也可以在【记事本】窗口中选择【文件】|【新建】菜单命令创建一个记事本文件。

2)　打开一个文件

双击已有的文本文件(TXT)，或把它拖放到【记事本】窗口，或利用【文件】|【打开】菜单命令都可以打开已有的文件。

3)　保存文件

保存文件需要用到保存命令，它在应用程序中的【文件】菜单下，且有两种保存方式：【保存】和【另存为】。

对于未存盘的新文件来说，两种方式无多大的差别，系统都会弹出【另存为】对话框，若不给出扩展名，系统会自动添加扩展名 TXT。

4)　编辑文档

用户可在记事本文档中输入中英文。在编辑的过程中，可以选定文本块，对其进行剪切、复制、粘贴等操作。

2.9.2 写字板的使用

写字板是一个使用简单，但功能较强的文字处理程序，利用它不但可以编辑文件，还可以编辑多媒体资料。

1）打开写字板程序

要打开写字板程序，可选择【开始】|【所有程序】|【附件】|【写字板】命令，即可启动写字板程序。

2）新建写字板文档

选择【开始】|【附件】|【写字板】命令，即可新建一个写字板文档。

2.9.3 画图软件的使用

Windows 7 的画图软件是一种位图(.bmp)程序，它提供了一套绘制工具和范围较宽的颜色。选择【开始】|【所有程序】|【附件】|【画图】命令，即可打开画图应用程序窗口，如图 2-53 所示。

图 2-53 画图应用程序窗口

在使用画图软件绘图时，先选择一种合适的工具，再选择颜色及线宽等，然后就可以在画布上开始绘制了。绘制时只需使用鼠标的定位、单击及拖动等进行操作即可。

画图程序还提供了处理图像的工具，如旋转、扭曲、拉伸图片，选定区域，以及反色处理等。

2.10 小型案例实训

下面通过两个案例对本章所讲的知识进行巩固。

2.10.1 在记事本中输入汉字

本案例将讲解如何利用记事本输入汉字。

（1）单击【开始】按钮，在弹出的【开始】菜单中选择【所有程序】|【附件】|【记事本】命令，如图 2-54 所示。

（2）弹出【无标题-记事本】窗口，然后选择适合的输入法，输入相应的文字即可，如图 2-55 所示。

图 2-54　选择【记事本】命令

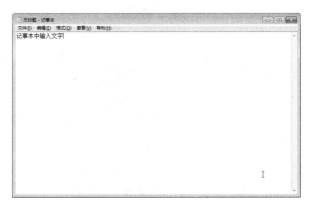

图 2-55　输入文字

2.10.2　文件夹的基本操作

本案例将讲解文件夹的基本操作方法。

（1）在任意一个盘的位置新建一个空文件夹，并将其命名为"A1"，如图 2-56 所示。

（2）选择 A1 文件夹，单击鼠标右键，在弹出的快捷菜单中选择【复制】命令，如图 2-57 所示。

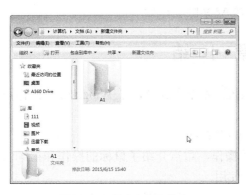

图 2-56　新建 A1 文件夹

图 2-57　选择【复制】命令

（3）取消文件夹的选择，在空白位置单击鼠标右键，在弹出的快捷菜单中选择【粘贴】命令，此时会复制出"A1-副本"文件夹，如图 2-58 所示。

（4）选择"A1-副本"文件夹，单击鼠标右键，在弹出的快捷菜单中选择【重命名】

命令，如图 2-59 所示。

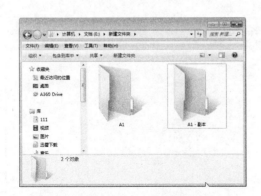

图 2-58 复制一个"A1-副本"文件夹　　　　图 2-59 选择【重命名】命令

(5) 此时文件夹的名称处于编辑状态，将名称修改为"A2"，按 Enter 键完成后的效果如图 2-60 所示。

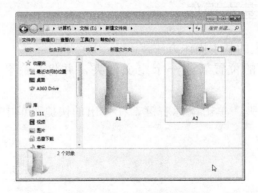

图 2-60 重命名后的 A2 文件夹

2.11 本 章 小 结

Windows 7 系统是世界上应用人数最多的系统，本章主要介绍了 Windows 7 操作系统的使用方法，分为四个部分进行讲解。

第一部分重点讲解了如何启动和关闭 Windows 7 系统。

第二部分主要介绍了外部设备鼠标和键盘的操作，重点介绍了鼠标的操作和指针的使用，对于键盘重点介绍了键盘的布局和快捷键的使用。

第三部分重点介绍了 Windows 7 系统的一些知识，包括 Windows 7 桌面、窗口、菜单、文件、文件夹和磁盘的管理等。该部分为重点知识，需重点掌握。

第四部分重点介绍了 Windows 7 附件程序的应用，包括记事本、写字板和画图软件的使用。

习　题

一、填空题

1. _____是退出 Windows 7 操作系统的另一种方法，选择它会保存会话并关闭计算机。

2. 鼠标作为计算机不可或缺的外部硬件，其主要功能有 5 种，依次是_____、_____、_____、_____、_____。

3. 键盘布局分为_____、_____、_____、_____、_____。

4. 调整窗口大小的按钮分为_____、_____、_____。

二、选择题

1. 下列属于视频文件的是(　　　)。

　A. avi　　　　　　B. psd　　　　　　C. mp3　　　　　　D. jpg

2. 选择当前所有文件或文件夹的快捷键是(　　　)。

　A. Ctrl+A　　　　B. Ctrl+C　　　　C. Alt+A　　　　D. Alt+C

3. 剪切的快捷键为(　　　)。

　A. Ctrl+A　　　　B. Ctrl+C　　　　C. Ctrl+X　　　　D. Alt+C

4. 用智能 ABC 输入法输入"计算机"，最简便的输入方式是(　　　)。

　A. jsj　　　　　　B. jisj　　　　　　C. jisji　　　　　　D. jsa

三、操作题

1. 新建一个文件夹，对其进行重命名、移动、复制和剪切操作。

2. 打开记事本文件，并在其中输入一段文字。

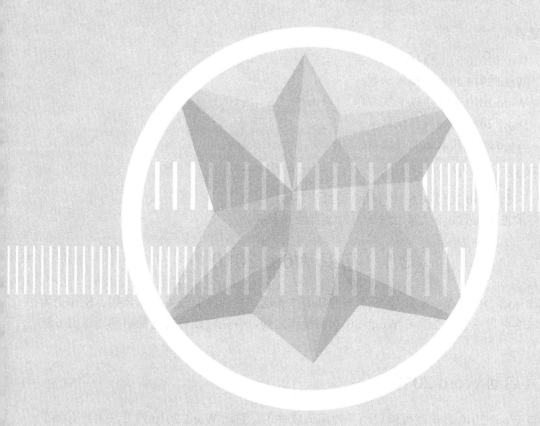

第 3 章

文字处理软件 Word 2010

本章要点:

- Word 2010 的工作环境和视图。
- Word 2010 的文字编辑功能。
- Word 2010 的页面设置及打印。
- Word 2010 的高级排版技术。
- Word 2010 的表格处理技术。

学习目标:

- 认识 Word 2010 文字处理软件的功能界面。
- 掌握 Word 2010 文字软件的各种实际应用操作。

3.1 初识 Word 2010

Microsoft Office Word 2010 版本与前期版本相比,它的界面效果更加亲切、操作更为简易、功能更为齐全。在学习 Word 2010 的操作之前,首先应该熟悉它的启动、退出方法和操作界面。

3.1.1 启动 Word 2010

安装 Word 2010 后,就可以启动并使用该软件了。启动 Word 2010 的方法主要有如下几种。

(1) 安装 Word 2010 后,系统会自动在计算机桌面上添加快捷图标,如图 3-1 所示。此时双击该图标即可启动 Word 2010,这是最直接也是最常用的启动该软件的方法。

(2) 打开已存在的 Word 文档,双击某 Word 文件图标 。

(3) 与其他多数应用软件类似,安装 Word 2010 后,系统会自动在【开始】菜单的【所有程序】子菜单中创建一个名为 Microsoft Office 的程序组,选择该程序组中的 Microsoft Word 2010,即可启动 Word 2010,如图 3-2 所示。

图 3-1　桌面快捷图标

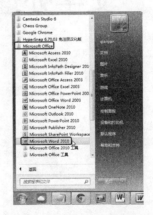

图 3-2　通过【开始】菜单启动

3.1.2　退出 Word 2010

当在文档中完成了所做的工作后，就可以将已经保存过的文档直接关闭了。关闭文档与关闭应用程序窗口一样有许多方法，其中常用的有以下 6 种。

(1) 单击 Word 应用程序标题栏右上角的【关闭】按钮 。

(2) 在任务栏上 Word 2010 文档图标上右击鼠标，在弹出的快捷菜单中选择【关闭】命令。

(3) 选择【文件】|【退出】命令，如图 3-3 所示。

(4) 单击 Word 窗口的控制菜单图标 ，打开 Word 窗口的控制菜单，选择【关闭】命令。

(5) 双击 Word 窗口的控制菜单图标 。

(6) 同时按键盘上的组合键 Ctrl+F4 快捷键。

执行退出 Word 操作时，如果有文档修改后尚未保存，Word 会在退出之前弹出如图 3-4 所示的对话框，询问是否将更改保存到当前文档中。若单击【保存】按钮，则保存当前文档后退出 Word；若单击【不保存】按钮，则不保存当前文档退出 Word；若单击【取消】按钮，则取消退出 Word 的操作。

图 3-3　选择【退出】命令

图 3-4　提示是否保存

3.1.3　Word 2010 的工作环境

启动 Word 2010 后，系统会自动建立一个名为"文档 1"的空白文档。该窗口界面与普通 Windows 窗口不同，附加了许多与文档编辑相关联的信息，如标题栏、选项卡、功能区、组和对话框启动器等，如图 3-5 所示。

1) 标题栏

标题栏位于窗口的最上面，用来标注文档的标题名称，按键盘上的 Alt+空格键组合键或使用鼠标在标题栏上右击将会打开控制菜单，如图 3-6 所示，使用这个菜单可以最小化程序的窗口和关闭程序等。

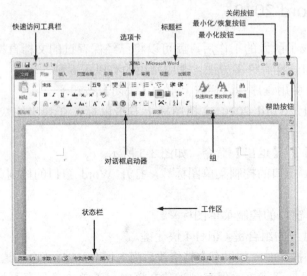

图 3-5　Word 2010 窗口界面

2)　选项卡

选项卡位于窗口顶部标题栏的下方，将一类活动功能组织在一起。选项卡中包含若干个组，如图 3-7 所示。

图 3-6　控制菜单

图 3-7　Word 2010 选项卡

3)　功能区

功能区位于选项卡的下面，它是帮助用户快速找到完成某一任务所需的命令。命令被组织在组中，这些组集中在选项卡中。每个选项卡都与一类活动相关。为减少混乱，某些选项卡只在需要时才显示，如图 3-8 所示。

图 3-8　Word 2010 功能区

4)　组

将选项卡中完成某一类功能的命令组织在一起，即形成组，如图 3-9 所示。

5)　对话框启动器

单击某个对话框启动器，即可打开相应的对话框。只有部分组包含对话框启动器，如图 3-10 所示的对话框启动器。

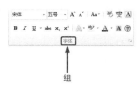

图 3-9　字体组

图 3-10　对话框启动器

6）快速访问工具栏

快速访问工具栏提供了常用命令和特性的快速访问。

7）最小化按钮

单击此按钮将最小化程序窗口。

8）最大化/恢复按钮

单击此按钮将使程序窗口尺寸增加并占满整个屏幕。如果窗口已经最大化了，单击此按钮将【恢复】程序窗口，使其不再填满整个屏幕。

9）关闭按钮

单击此按钮将关闭程序窗口。

10）工作区

在此区域创建文档，文档包含文字、图形、图表、表格等。

11）状态栏

显示有关当前活动的信息，提供有关选中命令或操作进程的信息。

12）标尺

在水平和垂直方向上带有刻度的尺子，常用于对齐文档中的文本、图形、表格和其他元素。

13）分割栏

拆分多个文档窗口，以查看同一文档的不同部分。

14）滚动条

可以水平或垂直滚动文档。

3.1.4　Word 2010 的视图方式

1. 页面视图

页面视图是以与打印时完全相同的形式显示文档、标题、页眉/页脚及页面布局等所有细节。页面视图是 Word 的默认显示视图，如图 3-11 所示为页面视图显示。

页面视图的切换方法有以下几种。

(1) 在【视图】选项卡中单击【文档视图】组中的【页面视图】按钮。

(2) 在【状态栏】中单击【页面视图】按钮。

(3) 使用快捷键 Ctrl+Alt+P。

2. 阅读版式视图

阅读版式视图的优点是增加可读性，它是为适应当前屏幕而设计的，可以方便地增大、减小文本显示区域的尺寸，而不会影响文档中字体的大小，在阅读版式视图下最适合阅读长篇文档。如图 3-12 所示为阅读版式视图显示。

图 3-11　页面视图显示

图 3-12　阅读版式视图显示

阅读版式视图的切换方法有下面两种。

(1)　在【视图】选项卡中单击【文档视图】组中的【阅读版式视图】按钮。

(2)　在【状态栏】中单击【阅读版式视图】按钮。

3. Web 版式视图

Web 版式视图是显示文档在 Web 或 Internet 上发布时的外观。如图 3-13 所示为 Web 版式视图显示。

图 3-13　Web 版式视图显示

Web 版式视图的切换方法有以下两种。

(1)　在【视图】选项卡中单击【文档视图】组中的【Web 版式视图】按钮。

(2)　在【状态栏】中单击【Web 版式视图】按钮。

4. 大纲视图

对于具有多重标题的文档，常常需要按照文档中标题的层次来查看文档，此时就要使用大纲视图来查看文档。当切换至大纲视图时，功能区中会多出一个【大纲】选项卡，在该选项卡中可以设置文档的显示级别，还可以升级、降级或移动文档标题的位置。如图 3-14

所示为大纲视图显示。

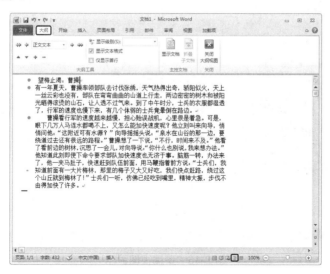

图 3-14　大纲视图显示

大纲视图的切换方法有 3 种。

(1) 在【视图】选项卡中单击【文档视图】组中的【大纲视图】按钮。

(2) 在【状态栏】中单击【大纲视图】按钮。

(3) 使用快捷键 Ctrl+Alt+O。

在【大纲】选项卡的【大纲工具】组中包括多个工具，具体如下。

● 【提升至标题 1】按钮：将此项目提升为大纲的最高级别。

● 【升级】按钮：提升此项目的级别。

● 【大纲级别】：为所选项目选择大纲级别。

● 【降级】按钮：降低此项目的级别。

● 【降级为正文】按钮：将此项目降为大纲的最低级别。

● 【上移】按钮：在大纲视图内上移项目。

● 【下移】按钮：在大纲视图内下移项目。

● 【展开】按钮：展开所选项目。

● 【折叠】按钮：折叠所选项目。

● 【显示级别】：选择要在大纲中显示的级别。

● 【显示文本格式】：选中此复选框，将大纲显示为格式化文本。如果取消选中该复选框，则可提高大纲的可读性。

● 【仅显示首行】：选中此复选框，仅显示每个项的首行。

5. 草稿视图

草稿视图是以草稿形式查看文档，其简化了页面的布局，可以快速地编辑文本，在此视图中不会显示某些文档元素，例如页眉、页脚、图形对象等。如图 3-15 所示为草稿视图显示。

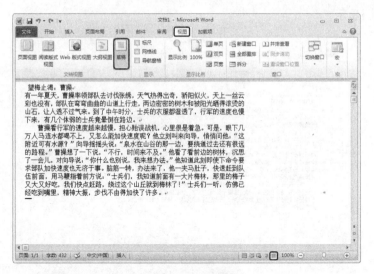

图 3-15　草稿视图显示

草稿视图的切换方法有下面 3 种。

(1)　在【视图】选项卡中单击【文档视图】组中的【草稿视图】按钮。

(2)　在【状态栏】中单击【草稿视图】按钮。

(3)　使用快捷键 Ctrl +Alt +N。

3.2　文　字　编　辑

Word 2010 具有强大的文字编辑功能，本小节将对文字编辑功能进行讲解。

3.2.1　文档的创建、保存

1. 创建文档

除了在每次启动 Word 2010 应用程序时会随之打开一篇新的空白 Word 文档之外，还有其他一些方法也可以用来创建新的 Word 文档。

提示：当启动 Word 2010 应用程序时，Word 2010 窗口中会自动创建一个新空白文档，并且自动命名为"文档 1"。此后，如果接着再新建空白文档，Word 将以"文档2""文档3""文档4"……这样的顺序为新文档命名。

创建新文档的方法如下。

(1)　选择【文件】|【新建】命令，选择如图 3-16 所示的新建【空白文档】，单击【创建】按钮即可创建新文档。

(2)　单击快速访问工具栏中的【新建】图标。

(3)　使用组合键 Alt+F 打开【文件】下拉菜单，使用上、下箭头键移动光标到【新建】命令，并按 Enter 键，在右侧面板中双击【空白文档】图标。

(4)　使用快捷键 Ctrl + N。

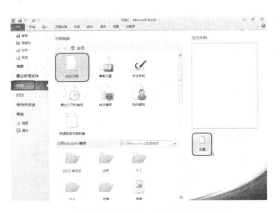

图 3-16　新建文档对话框

2. 保存文档

1)　新建文档的保存

保存新建文档的操作方法如下所述。

(1)　执行【文件】|【保存】命令，此时会弹出【另存为】对话框。

(2)　执行【文件】|【另存为】命令，会弹出【另存为】对话框。

(3)　按快捷键 Ctrl+S。

2)　【保存】和【另存为】的区别

【文件】菜单中有两个与保存有关的命令：【保存】和【另存为】，二者是有区别的。对于一个新建的文件，第一次保存时，两个命令是等效的。此时选择【保存】就等于选择【另存为】命令，所以在上面的介绍中，新建文档选择【保存】命令，打开的却是【另存为】对话框。

(1)　【保存】命令：选择【保存】命令会直接保存文件，不会弹出【保存】对话框。

(2)　【另存为】命令：选择【另存为】命令会弹出【另存为】对话框，需要更改文件名(或同时更改保存类型及保存路径)新建一个文件。

3.2.2　文字的输入

在文档中输入文本的基本操作包括输入文字、在文档中插入被遗漏的文字、删除或修改输入错误的文字等。

使用鼠标或键盘上的 4 个方向键可在文档中自由移动插入符的位置。在文档中，将插入符移动到指定的位置后，按 Backspace 键可删除插入符左侧的字符，按 Delete 键可删除插入符右侧的字符。但是在不选中一句话、一行、一段或整个文档的情况下，用 Backspace 键和 Delete 键只能一个一个地删除文字。

在 Word 中，按 Insert 键或单击状态栏上的【插入】标记，就可以切换插入状态与改写状态。此外，如果首先选中需要改写的文本，则输入新的文本后原有内容自动被替换。

3.2.3　文本的选定

在 Word 2010 中，利用鼠标或键盘等多种方法，可以选中任何样式的文本。其中，被选中的文本或图形等均以淡蓝色的底标识显示。

1) 用鼠标拖动法进行选择

当使用鼠标拖动方法进行选择区域时，应首先把鼠标的“I”形指针置于要选定的文本之前，然后按下鼠标左键，向上或向下拖动鼠标到要选择的文本末端，最后松开鼠标左键，如图 3-17 所示。

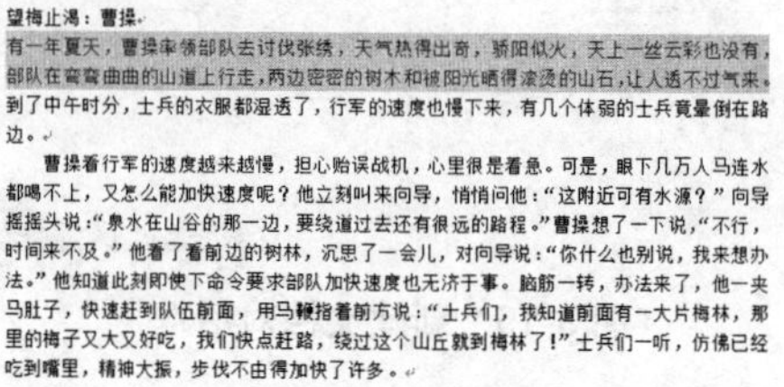
望梅止渴：曹操

有一年夏天，曹操率领部队去讨伐张绣，天气热得出奇，骄阳似火，天上一丝云彩也没有，部队在弯弯曲曲的山道上行走，两边密密的树木和被阳光晒得滚烫的山石，让人透不过气来。到了中午时分，士兵的衣服都湿透了，行军的速度也慢下来，有几个体弱的士兵竟晕倒在路边。

曹操看行军的速度越来越慢，担心贻误战机，心里很是着急。可是，眼下几万人马连水都喝不上，又怎么能加快速度呢？他立刻叫来向导，悄悄问他：“这附近可有水源？”向导摇摇头说：“泉水在山谷的那一边，要绕道过去还有很远的路程。”曹操想了一下说，“不行，时间来不及。”他看了看前边的树林，沉思了一会儿，对向导说：“你什么也别说，我来想办法。”他知道此刻即使下命令要求部队加快速度也无济于事。脑筋一转，办法来了，他一夹马肚子，快速赶到队伍前面，用马鞭指着前方说：“士兵们，我知道前面有一大片梅林，那里的梅子又大又好吃，我们快点赶路，绕过这个山丘就到梅林了！”士兵们一听，仿佛已经吃到嘴里，精神大振，步伐不由得加快了许多。

图 3-17　使用鼠标拖动方法进行选择区域

用户还可以将光标定位在文档选择行左侧的空白区域(此时光标呈↗形状)，然后向上或向下拖动鼠标进行选择，此时可选定若干连续行。

2) 利用键盘选择区域

把鼠标“I”形指针置于要选定的文本之前，按住 Shift 键，然后按键盘的方向键或 Page Up、Page Down 键，则在移动插入符的同时选中文本。

3) 配合 Shift 键选择区域

把鼠标“I”指针置于要选定文本之前，单击鼠标的左键，确定要选择文本的初始位置。将鼠标移动到要选定文本的末端后，按住 Shift 键，单击鼠标左键即可选定文本区域。

3.2.4 文本的复制

在 Word 2010 中复制文本的方法和在 Windows 7 中复制文件(或文件夹)的方法相同，其方法如下。

(1) 单击【开始】选项卡的【剪贴板】中的【复制】按钮，然后单击【粘贴】按钮。

(2) 利用快捷键 Ctrl+C 进行复制，然后按 Ctrl+V 进行粘贴。

3.2.5 文本的移动

移动文本就是剪切文本，其操作步骤如下。

(1) 选择需要移动或复制的文本，在【开始】选项卡的【剪贴板】组中单击【剪切】按钮。

(2) 将光标移动到文本移动的位置，然后在【开始】选项卡的【剪贴板】组中单击【粘贴】按钮。

3.2.6 查找和替换

Word 2010 的查找功能可以快速搜索指定单词或词组，也可以使用通配符查找文档的内容，但不能查找或替换浮动对象、艺术字、水印和图形对象等。

要在文档中查找并替换一般文字内容时，可以使用下面的步骤。

(1) 单击【开始】选项卡的【编辑】组中的【替换】按钮，或按 Ctrl+H 快捷键，打开【查找和替换】的对话框，如图 3-18 所示。在【查找内容】栏内输入要搜索的文字，如【工具箱】。注意输入的文字最多为 255 个字符，或者 127 个汉字。

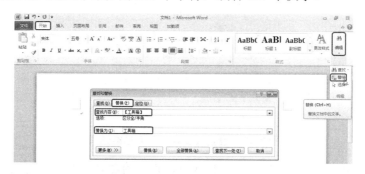

图 3-18　【查找和替换】对话框

(2) 在【替换为】框内输入替换文字，如工具箱。替换时可用下面两种不同的方法。

● 在【替换】对话框中，反复按【查找下一处】按钮，然后单击【替换】按钮来一个一个将文档的内容进行正确替换。

● 在【替换】对话框中，直接按下【全部替换】按钮，不用每个都确认就直接替换文档中符合搜索条件的所有内容。

如果要查看选择的每个符合搜索条件的词句，不要单击【全部替换】按钮，而是单击【替换】按钮；如果想自动替换文档中符合搜索条件的所有词句，可单击【全部替换】按钮。替换完成后，单击【取消】按钮退出【查找和替换】对话框。

💡 注意：在编写文档的过程中，为了节省时间，可以对长单词和短语使用缩写，完成后再使用【替换】命令可将它们改成最终的形式。但要小心使用【全部替换】功能，因为一旦错误使用，可能会引起严重的后果。

3.2.7　自动更正

设置【自动更正】功能选项的操作步骤：选择【文件】|【选项】命令，在弹出的对话框中选择【校对】选项，然后单击【自动更正选项】按钮，打开【自动更正】对话框，选择【自动更正】选项卡，根据需要可以设置各选项的功能，如图 3-19 所示。

各选项的功能介绍如下。

● 【显示"自动更正选项"按钮】复选框：可以自动显示【自动更正选项】按钮。

● 【更正前两个字母连续大写】复选框：可以自动更正第二个大写字母为小写字母。

● 【句首字母大写】复选框：可以将每句的第一个英文字母设置为大写。

● 【表格单元格的首字母大写】复选框：可以自动将在表格中输入单词的第一个字母大写，例如 word 自动更改为 Word。

图 3-19　设置【自动更正】功能选项

- 【英文日期第一个字母大写】复选框：自动将每句的首字母大写。例如，将单词 wednesday 自动更正为 Wednesday。
- 【更正意外使用大写锁定键产生的大小写错误】复选框：如果在 Caps Lock 键打开的情况下键入了单词，那么 Word 会自动更改键入单词的大小写，并同时关闭 Caps Lock 键。例如，可将 OPEN 自动更正为 Open。
- 【键入时自动替换】复选框：可以自动替换键入的内容。

3.2.8　多窗口编辑技术

Word 2010 具有多个文档窗口并排查看的功能，通过多窗口并排查看，可以对不同窗口中的内容进行比较。下面将讲解如何对窗口进行拆分以及如何对多个窗口进行编辑。

1. 窗口的拆分

Word 2010 的文档窗口可以拆分为两个窗口，将一个文档的两部分分别显示在两个窗口中，从而方便编辑文档。拆分窗口有两种方法。

1) 使用【视图】|【窗口】|【拆分】命令

(1) 执行【视图】|【窗口】|【拆分】命令，鼠标指针变成双向箭头，且与屏幕上出现的一条灰色水平线相连，移动鼠标指针到要拆分的位置，单击鼠标左键。如果还要调整窗口大小，只要把鼠标指针移到此水平线上，当鼠标指针变成上下箭头时，拖动鼠标即可。

(2) 执行【视图】|【窗口】|【取消拆分】命令，即可把拆分了的窗口合并为一个窗口。

2) 拖动垂直滚动条上端的小横条拆分窗口

(1) 将鼠标指针移到垂直滚动条上面的窗口拆分条，当鼠标指针变成双向带箭头的形状时向下拖动鼠标，即可将一个窗口分为两个。

(2) 插入点所在的窗口成为当前窗口。此时将鼠标指针移到非工作窗口的任意位置并单击一下，就可以将它切换成为工作窗口。

2. 多个窗口间的编辑

Word 2010 允许同时对多个文档进行编辑，一个文档对应一个窗口。【切换窗口】下拉列表列出了被打开的文档名，单击文档名或者单击任务栏中相应的文档，可以切换到当前文档窗口。执行【视图】|【窗口】|【全部重排】命令，可以将所有文档窗口排列在屏幕上，此时可以对各文档窗口的内容进行剪切、粘贴、复制等操作。

多个文档编辑工作结束后可以一个一个地分别保存和关闭，也可以一次完成全部文档的保存和关闭操作，具体方法是：按住 Shift 键，执行【文件】|【保存】命令或【文件】|【关闭】命令。

3.3　文字段落设置

在 Word 2010 中，字符是指作为文本输入的汉字、字母、数字、标点符号等。字符是文档格式化的最小单位，设置文本格式是格式化文档最基础的操作。字符格式包括字体、字号、形状等效果。

3.3.1　设置字符格式

Windows 7 操作系统为用户提供了一些常用的中、英文字体。不同的字体有不同的外观形态，一些字体还可带有自己的符号集。设置字体有很多方式，包括【字体】对话框、【字体】组以及悬浮工具栏。

1. 设置字体

如果需要设置字体的话，单击【开始】选项卡中【字体】组右下角的【对话框启动器】按钮，弹出【字体】对话框。如果用户需要设置中文字体，单击【字体】选项卡中的【中文字体】右侧的按钮，用户可以根据自己的需要选择一种中文字体。选择字体后，在对话框下方的【预览】框中可以看到字体设置后的预览效果，如图 3-20 所示。要是用户需要设置西文字体，设置步骤同上。

图 3-20　【字体】对话框

2. 设置字号

字号可以用来设置文字字体的大小。在 Word 2010 中，一般都是利用"号"和"磅"两种单位来度量字体的大小。当以"号"为单位时，数值越小、字体越大；当以"磅"为单位时，则是磅值越小字体越小。一般情况下，字体的磅值是通过测量字体的最低部到最高部来确定的。

3.3.2 设置段落格式

图 3-21　【段落】对话框

段落格式，是指在一个段落的页面范围内对内容进行排版，使得整个段落更加美观、整齐。用户要是想同时设置多个段落格式，应先选择这些段落，再进行段落格式设置。

在 Word 2010 中，用户可直接用【标尺】和【段落】组中的工具对段落进行设置。如果用户要对段落进行更准确的设置，需要通过【开始】选项卡，单击【段落】组右下角的【对话框启动器】按钮，在弹出【段落】对话框中根据需要进行设置，如图 3-21 所示。

1. 对齐文档

Word 2010 中，段落对齐的方式包括两端对齐、左对齐、居中对齐、右对齐和分散对齐，而且还在【开始】选项卡的【段落】组中设置了相应的对齐按钮。

- 居中：使段落行居中，通常用于标题行。
- 文本左对齐：使段落左端对齐，通常用于正文内容。
- 文本右对齐：使段落右端对齐。
- 两端对齐：使段落的左端和右端对齐(最后一行除外)。
- 分散对齐：改变段落的字符间距以做到段落左右都对齐，通常用于段落的最后一行。

要改变一个或多个段落的对齐方式，首先要选中需要改变的段落，然后再单击【开始】选项卡下【段落】分组中的某个对齐按钮。

2. 段落缩进

段落缩进的目的是为了使段落看起来更有层次感。缩进是指段落边界与页面边界之间的空间。与页边距不同，缩进使操作者能够对单行和小段文本设置段落缩进，缩进有以下几种形式。

- 首行缩进：每一段的第一行左缩进，也就是我们常说的"第一行空几格"。
- 悬挂缩进：悬挂缩进是指每一段除首行外，其他行都左缩进。
- 左缩进：左缩进是指每一段的所有行都左缩进。
- 右缩进：右缩进跟左缩进相反，是指每一段的所有行都右缩进。

设置段落缩进的方法有两种。

(1) 使用标尺手动设置。拖动不同的标记，可以完成不同的缩进，如图 3-22 所示。

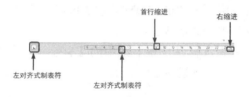

图 3-22　使用标尺设置段落缩进

(2) 通过【段落】对话框进行设置。

3. 段前、段后设置

对段前、段后的设置就是在段落的前后增加一定的行数，这样文档会变得更加宽松和美观。

4. 改变行间距

改变行间距可以在【段落】对话框中进行设置。行距包括单倍行距、1.5 倍行距、2 倍行距、最小值、固定值、多倍行距。

- 单倍行距：将行距设置为该行最大字体的高度加上一小段额外间距。额外间距的大小取决于所用的字体，单位为点数。一般默认单倍行距是五号字体，行间距为 12 磅。
- 1.5 倍行距：1.5 倍行距为单倍行距的 1.5 倍。例如，对于字号为 20 磅的文本，在使用 1.5 倍行距时，行距为 30 磅。
- 2 倍行距：2 倍行距为单倍行距的 2 倍。例如，对于字号为 20 磅的文本，在使用 2 倍行距时，行距为 40 磅。
- 固定值：行间距是按要求输入的值，单位是点。
- 最小值：如果文档行含有大的字符， Word 会相应地增加行间距。
- 多倍行距：按输入的倍数改变行间距。例如，输入 2，则行间距改为正常行距的 2 倍。

3.3.3　首字下沉

首字下沉在平常的情况下用于文档的开头，主要用这个方法来修饰文档，使得这段话在这个文档中突出、美观。可以将段落开头的第一个或若干个字母、文字变为大号字，并以下沉或悬挂方式改变文档的版面样式。被设置成首字下沉的文字实际上已成为文本框中的一个独立段落。

1. 创建首字下沉的设置

首字下沉又被称为"花式首字母"，在操作中可以不必把首字下沉的效果限制为一个字母，可以对选中的多个字母(不能是多个汉字) 设置首字下沉。如果要将段落开头的首字母或第一个汉字设置为下沉方式，只需要将插入符置于要设置首字下沉的段落中进行设置即可；如果要将段落开头的多个字母设置为下沉方式，则必须选中这些字母或汉字。

创建首字下沉的操作步骤如下。

计算机应用基础(Windows 7+Office 2010)

(1) 打开随书附带网络资源中"CDROM\素材\Cha03\邀请函.docx"文件，将插入符放在需要设置首字下沉的段落中，如图 3-23 所示。

(2) 在【插入】选项卡中选择【文本】组中的【首字下沉】选项，在弹出的下拉列表中选择【首字下沉选项】选项，如图 3-24 所示。

邀请函

敬邀：贵和集团陈明先生。

我公司将 2012 年 2 月 26 日 10:30 在北京成立分公司（地址：北京市平安大街 1008 号,），感谢贵集团一直以来对我公司大力支持。我代表公司全体员工表示衷心的感谢！！！真诚地欢迎李玉明先生届时莅临我公司参观指导！！！。

图 3-23　将光标插入段落中　　　　图 3-24　选择【首字下沉选项】选项

(3) 弹出【首字下沉】对话框，选择【位置】选项下的【下沉】选项，将【选项】一栏中的【下沉行数】设为 2，如图 3-25 所示。

(4) 设置完成后单击【确定】按钮，完成首字下沉制作，如图 3-26 所示。

邀请函

敬邀：贵和集团陈明先生。

我公司将 2012 年 2 月 26 日 10:30 在北京成立分公司（地址：北京市平安大街 1008 号,），感谢贵集团一直以来对我公司大力支持。我代表公司全体员工表示衷心的感谢！！！真诚地欢迎李玉明先生届时莅临我公司参观指导！！！。

图 3-25　【首字下沉】对话框设置　　　　图 3-26　完成首字下沉设置后的效果

2. 取消首字下沉的设置

如果用户需要取消首字下沉，可执行如下步骤。

(1) 继续上面实例的操作，选中已设置为首字下沉的文字。

(2) 在【插入】选项卡中单击【文本】组中【首字下沉】按钮，在下拉列表中选择【无】选项，即可取消首字下沉效果。

3.3.4　边框和底纹

边框和底纹是一种美化文档的重要方式。为了使文档更清晰、漂亮，可以在文档的周围设置各种边框。Word 2010 提供了多种线型边框和由各种图案组成的艺术型边框，并允许使用多种边框类型。根据需要，用户可以为选中的一个或多个文字添加边框，也可以在选中的段落、表格、图像或整个页面的四周或任意一边添加边框。

1. 利用【字符边框】按钮给文字加单线框

选择段落文字，在【开始】选项卡中单击【字体】组中的【字符边框】按钮，如

图 3-27 所示。这样可以方便地给选中的一个文字和多个文字添加单线边框，如图 3-28 所示。

图 3-27　单击【字符边框】按钮　　　　　　图 3-28　给文字添加单线边框

2. 利用【边框和底纹】对话框给段落或文字加边框

用【字符边框】按钮 A 只能给选中的文字加上单线框，而使用【段落】组中的按钮或使用【边框和底纹】对话框，还可以给选中的文字添加其他样式的边框。具体操作步骤如下。

(1)　打开随书附带网络资源中的"CDROM\素材\第 3 章\员工注意事项.docx"文件，选中要添加边框的文本。在【开始】选项卡中单击【段落】组中【下框线】右侧的.按钮，在弹出的下拉列表中选择所需要的边框线样式，如图 3-29 所示。

(2)　选择完成后即可为选择的文本添加边框，如图 3-30 所示。

图 3-29　选择边框样式　　　　　　　　　图 3-30　添加边框效果

(3)　继续在【开始】选项卡中单击【段落】组中【下框线】右侧的.按钮，在弹出的列表中选择【边框和底纹】选项，弹出【边框和底纹】对话框，选择【边框】选项卡。

(4)　在【边框】选项卡下根据需要进行设置，完成后单击【确定】按钮即可，如图 3-31 所示。

在【边框】选项卡中各种样式说明如下。

● 　【无】：表示不设边框，若选中的文本或段落原来有边框，边框将被去掉。

图 3-31　【边框和底纹】对话框

- 【方框】：表示给选中的文本或段落加上边框。
- 【阴影】：表示给选中的文本或段落添加具有阴影效果的边框。
- 【三维】：表示给选中的文本或段落添加具有三维效果的边框。
- 【自定义】：只在给段落加边框时有效。利用该选项可以给段落的某一条或几条边加上边框线。选中【自定义】后，直接在预览区内示意图中的某个边线上单击，或单击预览区内的边框按钮 、 、 、 ，可添加或取消段落中某一条或几条相应的边框。
- 【样式】列表框：可选择需要的边框样式。
- 【颜色】和【宽度】列表：可设置边框的颜色和宽度。
- 【应用于】列表框：可选择添加边框的应用对象。
  - ◆ 【文字】：则在选中的一个或多个文字的四周添加封闭的边框。如果选中的是多行文字，则给每行文字加上封闭边框。
  - ◆ 【段落】：则给选中的所有段落加边框。

【实例 3-1】　五一国际劳动节放假通知

【通知】是广泛使用的一种文件格式，主要由标题、正文和落款构成。这种文本制作相对简单，对页面效果和字体的要求不多，只需简明扼要的传达要求即可，在制作中要保证页面布局规范统一、严肃。

(1) 首先启动 Word 2010，打开随书附带网络资源中的"CDROM\素材\第 3 章\关于2015 年五一放假的通知.docx"文件，如图 3-32 所示。

(2) 选择标题文字，在【开始】选项卡的【段落】组中单击【居中】按钮 ，在【字体】组中将字体大小设为小二，单击【加粗】按钮 ，如图 3-33 所示。

图 3-32　打开素材文件

图 3-33　设置标题文字

（3）下面我们来调整行距。选择正文内容，如图 3-34 所示。

（4）在【开始】选项卡的【段落】组中单击【行和段落间距】按钮，在弹出的下拉列表中选择 1.5 倍行距，如图 3-35 所示。

图 3-34　选择正文段落内容

图 3-35　选择 1.5 倍行距

（5）设置完成后，行与行之间的距离为 1.5 倍，如图 3-36 所示。

（6）最后我们设置边框，在【开始】选项卡的【段落】组中单击【下框线】按钮后的按钮，在弹出的下拉列表中选择【边框和底纹】选项。

（7）弹出【边框和底纹】对话框，选择【页面边框】选项卡，单击【颜色】右侧下拉菜单按钮，在弹出的【颜色】列表中选择一种颜色，如图 3-37 所示。

（8）将边框形式设为【阴影】，在【样式】组中选择一种边框线条样式，将【应用于】设为【整篇文档】，设置完成后单击【确定】按钮，如图 3-38 所示。

图 3-36　设置行距后的效果

图 3-37　选择边框颜色

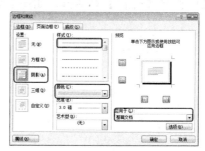

图 3-38　边框样式的设置

3.3.5　分栏

创建分栏，就是将文档中的某一页、某一部分或整篇文档分成具有相同栏宽或不同栏宽的多个栏。

1. 快速分栏

在 Word 2010 中提供了几种默认的分栏样式，我们可以使用这些默认的样式对文档进行分栏操作，操作步骤如下。

(1) 打开随书附带网络资源中的"CDROM\素材\第 3 章\木兰诗.docx"文件，选中要进行分栏的文本。若要对整个文档进行分栏，则将鼠标指针放置其中即可。

(2) 在【页面布局】选项卡的【页面设置】组中单击【分栏】按钮，在弹出的下拉列表中选择一种分栏类型，这里选择两栏，如图 3-39 所示。执行操作后，即可将所选文本分为两栏，如图 3-40 所示。

图 3-39　选择分栏样式

图 3-40　两栏效果

2. 使用【分栏】对话框设置分栏

设置不多于四栏的等宽栏时使用【分栏】按钮就可以很方便地操作，但在某些时候还要按照特殊要求设置不等宽栏或设置栏数大于 4 的分栏，这时就用到了【分栏】对话框。其操作步骤如下。

(1) 选中要设置的文本，在【页面布局】选项卡的【页面设置】组中单击【分栏】按钮，在弹出的下拉列表中选择【更多分栏】选项，如图 3-41 所示。

(2) 弹出【分栏】对话框，如图 3-42 所示。在该对话框中各选项含义如下。

图 3-41　选择【更多分栏】选项

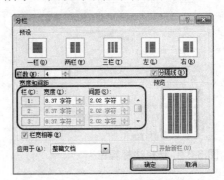

图 3-42　【分栏】对话框

- 【预设】选项区：有【一栏】、【两栏】、【三栏】、【偏左】和【偏右】五种格式可供选择。
- 【栏数】：当栏数大于 3 时，可以在【栏数】微调框中输入要分割的栏数。

- 【栏宽相等】：选中【栏宽相等】复选框，可将所有的栏设置为等宽栏。
- 【分隔线】：如果要在各栏之间加入分隔线，使各栏之间的界限更加明显，则选中【分隔线】复选框。
- 【应用于】下拉列表框中可以有以下的选择。
  ◆ 【插入点之后】：则对文档中所选的文字内容应用分栏设置。
  ◆ 【整篇文档】：则对文档全部内容应用分栏设置。

设置完成后，单击【确定】按钮即可，此时文档即可按照设定的参数进行分栏。

提示：页眉、页脚、批注或文本框不能进行分栏！分栏只适合于文档中的正文。

3.3.6　格式刷

文字内容是可以复制、粘贴的，这样能避免做一些重复的工作。那么，格式是否也可以复制呢？答案是肯定的。Word 2010 提供了格式刷工具，即常用工具栏上的【格式刷】按钮 。使用格式刷复制格式的步骤如下。

(1) 选定某一块内容(可以是一个字符，也可以是一段文字)。
(2) 单击工具栏上的【格式刷】按钮 。
(3) 此时，鼠标光标变成"刷子"形状，再刷一下目标内容(用鼠标拖选目标内容)，即可完成格式复制。

注意：单击【格式刷】按钮，只可以复制一次格式；双击【格式刷】按钮，就可以多次复制格式。

退出格式刷状态的方法是按 Esc 键或是再单击工具栏上的【格式刷】按钮。

3.4　页面设置与打印

一般来说，比较正式的文件或书稿都会设置页眉页脚，用来插入标题、页码、日期等文本，或公司徽标等图形、符号。用户可以根据自己的需要，对页眉和页脚进行设置，比如插入页码与图片，对奇数页和偶数页进行不同的页眉和页脚设置等。

3.4.1　添加页眉、页脚和页码

页眉和页脚分别位于文档页面的顶部或底部的页边距中，用户可以将首页的页眉或页脚设置成与其他页不同的形式，也可以对奇数页和偶数页设置不同的页眉和页脚。在页眉和页脚中还可以插入域，如在页眉和页脚中插入时间、页码，就是插入了一个提供时间和页码信息的域。当域的内容被更新时，页眉、页脚中的相关内容就会发生变化。

1. 创建页眉和页脚

单击【插入】选项卡上【页眉和页脚】选项组中的【页眉】或【页脚】按钮，在弹出的下拉列表中选择一种页眉或页脚样式，或选择【编辑页眉】和【编辑页脚】选项，Word 将进入页眉和页脚编辑状态，并显示【页眉和页脚工具设计】功能区，如图 3-43 所示。用

户直接在页眉或页脚区输入相应的内容即可,编辑完毕,再单击功能区中的【关闭页眉和页脚】按钮。

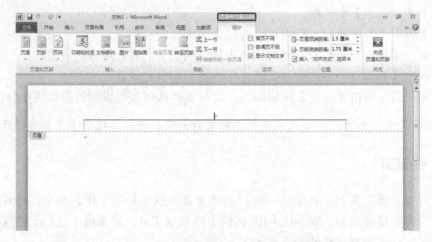

图 3-43　【页眉和页脚工具设计】功能区

如果要插入日期和时间、图片等内容,可单击功能区中的【日期和时间】或【图片】等按钮,然后进行相关设置即可。

在编辑文档的过程中,要在页眉和页脚之间进行转换,可单击功能区中的【转至页脚】或【转至页眉】按钮。

2. 插入页码

页码是一种内容最简单,但使用最多的页眉或页脚。由于页码通常都被放在页眉区或页码区,因此,只要在文档中设置页码,实际上就是在文档中加入了页眉或页脚。Word可以自动而迅速地编排和更新页码。

给多页的文档加上页码是必要的,它能有效避免文档整理中出现的不必要的混乱。设置页码之后,Word 可以在后续的所有页上自动添加页码。设置页码的操作步骤如下。

(1) 单击要设置页码的文档或节。

(2) 单击【插入】选项卡中【页眉和页脚】选项组中的【页码】按钮,从弹出的下拉列表中选择一种页码类型,如【页面顶端】选项。在弹出的列表中选择一种页码样式,如【普通数字 1】样式,如图 3-44 所示。操作完毕,即可在文档中插入页码。

若要设置页码的格式,可在页码类型列表中选择【设置页码格式】选项,打开【页码格式】对话框,如图 3-45 所示。在该对话框中可做如下设置。

- 在【编号格式】列表框中选择一种页码格式。
- 若选中【包含章节号】复选框,表示在页码格式中包含章节号。
- 在【页码编号】设置区,如果文档被分成了若干节,可做以下选择。
    - ◆ 【续前节】:可以给将所有节的页码设置成彼此连续的页码。
    - ◆ 【起始页码】:则在本节中重新设置起始页码。

图 3-44　插入页码　　　　　　　　　　图 3-45　【页码格式】对话框

3.4.2　页面设置

在介绍了 Word 2010 中字符、段落的格式设置后，本节将重点介绍 Word 2010 中页面格式的设置方法。

1. 纸张的规格

开数是国内对于纸张规格的一种传统表述方法。我国的开数尺寸已经走向国际化，逐步使用 A 系列和 B 系列开本尺寸。开数以一张标准全张纸剪裁成多少张小幅面纸来定义，即以几何级数裁纸法。将一张全张纸切成 16 张同样规格的小幅面纸，就叫 16 开，若切成 32 张，即为 32 开。A 系列全张纸为 880×1230mm，B 系列全张纸为 1000×1400mm。

实际应用中，用户也可以根据需要来改变纸张的大小。

(1) 在【页面布局】选项卡中的【页面设置】选项组中单击【纸张大小】按钮，在弹出的列表中选择文档所使用的纸张大小，如图 3-46 所示。

(2) 要进行更精确的设置，可单击【纸张大小】下拉列表底部的【其他页面大小】选项，弹出【页面设置】对话框，如图 3-47 所示。

图 3-46　设置纸张大小　　　　　　　　图 3-47　【页面设置】对话框

(3) 单击【纸张】选项卡，如果要自定义纸张的大小，在【高度】和【宽度】文本框中分别指定纸张的高度值和宽度值。

(4) 在【应用于】下拉列表框中选择页面设置的应用范围，然后单击【确定】按钮即可。

2. 纸张方向设定

默认情况下，Word 2010 创建的文档是纵向排列的。改变纸张方向同样是在【页面布局】选项卡中的【页面设置】组中，单击【纸张方向】按钮，可以选择纸张的方向，如图 3-48 所示。

图 3-48 设置纸张方向

3.4.3 打印文档

编辑、排版好文档后，就可以将它打印出来。选择【文件】|【打印】菜单命令或单击快速访问工具栏中的打印预览和打印按钮，对文档进行预览并打印，如图 3-49 所示。图中，右侧为预览区，中间区域为打印设置区域可以对要打印的文档进行设置。

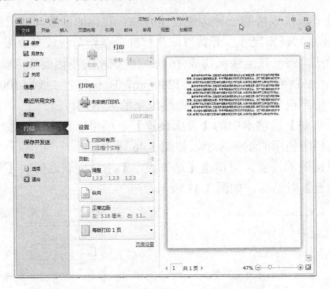

图 3-49 文件【打印】窗口

Word 2010 提供了多种打印方式，可单独地打印一页文档，或者打印文档中的某几页。打印前，首先要确认已经安装了打印机。

注意：如果我们需要打印文档的第 3、9、12 页，就可以在【打印】对话框中的【页面范围】中选择页码范围，然后在文本框中键入"3,9,12"，隔开数字的逗号要使用英文状态下的符号。如果我们需要打印第 12 页到第 20 页，可以在文本框中键入"12-20"，这里用到的"-"也必须是英文状态下的符号。

3.5 高 级 排 版

在 Word 2010 中可以实现对各种图形对象的绘制、缩放、插入和修改等多种操作,还可以把图形对象与文字结合在一个版面上实现图文混排,轻松地设计出图文并茂的文档。下面将会介绍如何在文档中插入与编辑图形对象以及绘制自选图形的方法。

3.5.1 模板

每次启动 Word 2010 时都会打开 Normal.dotm 模板,该模板包含了决定文档基本外观的默认样式和自定义设置。启动 Word 2010,显示一个空白新文档,该文档就是基于 Word 2010 的 Normal.dotm 模板。

Word 2010 带有许多预先定义好的模板,用户可以直接使用它们。这些模板反映了常见的一些文档的需求,例如传真、发票、贺卡和报表等。

使用模板创建文档的步骤如下。

(1) 选择【文件】|【新建】命令。

(2) 在左侧窗口中选择【可用模板】选项,如图 3-50 所示。

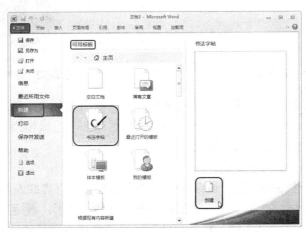

图 3-50 选择已安装的模板

(3) 选择某种模板后单击【创建】按钮(或直接双击某模板),新建一个文档。

(4) 然后在新建的文档中输入所需的内容,就建立相应的文档了。

3.5.2 绘制图形

在 Word 2010 文档中支持的基本图形类型包括形状、SmartArt、图表、图片和剪贴画。其中,形状又包括线条、矩形、基本形状、箭头总汇、公式形状、流程图、星与旗帜和标注,这些图形对象都是 Word 2010 文档的组成部分。

在【插入】选项卡的【插图】选项组中单击【形状】按钮,在弹出的下拉列表中包含了多种自选图形工具,通过使用这些工具可以在文档中绘制出各种各样的图形,具体的操作步骤如下。

(1) 选择【插入】选项卡，在【插图】组中单击【形状】按钮，在弹出的下拉列表中选择一种形状，如图 3-51 所示。

(2) 此时鼠标指针会变成 ✛ 形状，在需要插入图形的位置上按住鼠标左键并拖动，直至对图形的大小满意后松开鼠标左键，即可完成图形绘制，如图 3-52 所示。

图 3-51　选择形状

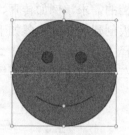

图 3-52　绘制的图形

绘制完成一个图形后，该图形呈选定状态，其四周出现几个小圆形，称为顶点。图形中的黄色小菱形称为控制点。当鼠标移动到这个控制点上时，鼠标指针就会变成 ▷ 形状，然后拖动鼠标可以改变自选图形的形状。

在绘制图形时应注意以下几点。

- 在绘图时按住 Shift 键：画直线时可画出水平、竖直直线及与水平成 15°、30°、45°、60°、75°、90°的直线；画圆时可画出标准的圆形，画矩形时可画出正方形。
- 拖动对象时按住 Shift 键：对象只能沿水平和竖直方向移动。
- 选择图形对象时按住 Shift 键：可同时选中多个图形对象。
- 拖动图形对象时按住 Ctrl 键：可以复制出一个相同的对象，相当于执行了复制和粘贴操作。

3.5.3　艺术字

艺术字是添加到文档中的装饰性文本，在文档中插入艺术字的方法如下。

(1) 选择【插入】选项卡，在【文本】组中单击【艺术字】按钮，在弹出的下拉列表中选择一种艺术字样式，如图 3-53 所示。

(2) 在弹出的文本框中输入文字，输入完成后，在工作窗口中的空白位置处单击鼠标左键，即可创建艺术字。

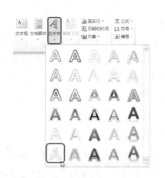

图 3-53　选择艺术字样式

3.5.4　文本框

文本框是一种图形对象。它作为存放文本或图形的容器，可放置在页面的任何位置上，并可随意调整它的大小。将文字或图像放入文本框后，可以进行一些特殊的处理，如更改文字方向、设置文字环绕等。

1. 绘制文本框

因为绘制横排文本框与绘制竖排文本框的操作步骤类似，所以下面仅以绘制横排文本框为例，来介绍一下如何在文档中绘制文本框。

(1) 选择【插入】选项卡，在【文本】组中单击【文本框】按钮，在弹出的下拉列表中选择【绘制文本框】选项。

(2) 此时鼠标变成十形状，在要插入文本框的位置处按住鼠标左键并拖动，直至拖到所需的大小后松开鼠标左键，即可创建一个文本框，此时在文本框中输入文字即可。

2. 为选中的文本创建文本框

用户也可以为选中的文本创建一个文本框，操作步骤如下。

(1) 在文档中选中要创建文本框的文本。

(2) 选择【插入】选项卡，在【文本】组中单击【文本框】按钮，在弹出的下拉列表中选择【绘制文本框】选项(也可以选择【绘制竖排文本框】选项)，即可为选中的文本创建文本框。

3. 改变文本框的位置、大小和环绕方式

改变文本框的位置、大小和环绕方式如下。

1) 移动文本框

用鼠标指针指向文本框的边框线，鼠标指针变成十字形状时，拖动鼠标即可移动文本框。

2) 复制文本框

选中文本框，同时按 Ctrl 键，并用鼠标拖动文本框，即可实现文本框的复制。

3) 改变文本框的大小

选定文本框，在它周围出现 8 个控制点，此时向内/外拖动控制点，可改变文本框的大小。

4) 改变文本框的环绕方式

选定文本框,在【绘图工具】|【格式】选项卡中选择【排列】|【自动换行】命令来设置环绕方式;也可以选择【上移一层】|【浮于文字上方】命令或【下移一层】|【衬于文字下方】命令设置文本框的环绕方式。

3.5.5 图片

当把不同的图片插入到文档中后,用户可以根据需要对其进行必要的设置,使之能够与文档完美配合。例如,改变它的大小、裁剪掉不需要的部分等。用户可以通过下面的两种方法对图片进行设置。

(1) 选中需要设置的图片,然后选择【图片工具】下的【格式】选项卡,可以利用该选项卡中的按钮选项对图片进行具体设置,如图 3-54 所示。

图 3-54 【图片工具】下的【格式】选项卡

(2) 选择【格式】选项卡,在【大小】组中单击右下角的 按钮,打开【布局】对话框,在该对话框中可以设置图片的大小、旋转等,如图 3-55 所示。单击【图片样式】组右下角的 按钮,打开【设置图片格式】对话框,在该对话框中可以设置图片的亮度和对比度等,如图 3-56 所示。

图 3-55 【布局】对话框

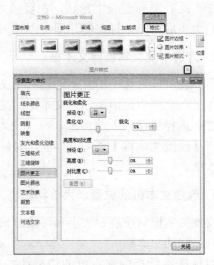

图 3-56 【设置图片格式】对话框

1. 调整图片大小

有时,插入到文档中的图片会偏大或偏小,此时就需要我们对它的大小进行调整。可以在选中图片后,移动鼠标到所选图片的某个控制点上,当鼠标指针变成双向箭头时,然后拖动鼠标可以改变该图片的大小。在拖动尺寸控制点时，如果按住 Shift 键，可使图像等比例缩放。还可以在【格式】选项卡中的【大小】组中调整图片的大小，具体的操作步骤如下。

(1)　选中需要调整大小的图片。

(2)　选择【图片工具】|【格式】选项卡，在【大小】组中的【高度】文本框中输入新的图片高度或在【宽度】文本框中输入新的图片宽度，然后按 Enter 键确认，即可调整图片的大小。

只要改变了其中一个数值，那么另一个数值也会随之改变，图片是等比缩放的。如果只想改变一个数值，而不会影响另一个，那么在【大小】组中单击右下角的 按钮，打开【布局】对话框，在该对话框中取消选中【锁定纵横比】复选框，如图 3-57 所示。然后单击【确定】按钮就可以了。

图 3-57　取消选中【锁定纵横比】复选框

2. 裁剪图片

在 Word 2010 中，用户可以根据自己的需要对图片进行裁剪，其中裁剪图片的方式有两种。

(1)　使用【裁剪】工具裁剪图片。通过使用裁剪工具，用户可以将图片上不需要的部分裁剪掉，具体的操作步骤如下。

①　选中需要裁剪的图片。

②　选择【图片工具】|【格式】选项卡，在【大小】组中单击【裁剪】按钮 ，此时图片周围会出现 8 个方向的黑色裁剪控制柄，如图 3-58 所示。

图 3-58　裁剪控制柄

③　使用鼠标拖动黑色控制柄对图片进行调整，直至满意为止。

④　在空白位置处单击鼠标左键，即可裁剪图片。

(2)　将图片裁剪为形状。在 Word 2010 中，可以将图片裁剪成各种各样的形状，具体的操作步骤如下。

① 选中需要裁剪的图片。

② 选择【格式】选项卡，在【大小】组中单击【裁剪】按钮，在弹出的下拉列表中选择【裁剪为形状】选项，再在弹出的子菜单中选择一种形状，例如选择【心形】，如图 3-59 所示。

③ 选择好形状后，可将图片裁剪成心形，效果如图 3-60 所示。

图 3-59　选择一种形状

图 3-60　将图片裁剪为心形

3. 文字的环绕

通常图片插入文档后会像字符一样嵌入到文本中。用户可以单击【图片工具】|【格式】选项卡中的【自动换行】按钮，使文字环绕在图片周围，操作步骤如下。

(1) 单击选定的图片，图片四周会出现 8 个控制点，并打开【图片工具】|【格式】选项卡。

(2) 单击【图片工具】|【格式】选项卡中的【自动换行】按钮，打开下拉菜单。

(3) 在下拉菜单中，单击选中一种环绕方式即可。

4. 为图片添加边框

添加图片边框的操作步骤如下。

(1) 单击选定的图片，图片四周会出现 8 个控制点，并打开【图片工具】|【格式】选项卡。

(2) 在【图片工具】|【格式】选项卡下的【图片样式】选项中，单击【图片边框】下拉按钮，在弹出的列表中进行相应的设置即可。

5. 重设图片

重设图片的方法：选定图片，单击【图片工具】|【格式】|【调整】中的【重设图片】按钮，取消前面所做的设置，这时图片会恢复到插入时的状态。

6. 图片的复制和删除

使用【开始】|【剪贴板】分组中的【复制】按钮和【粘贴】按钮，也可以对图片进行复制和删除，具体操作步骤如下。

(1) 选定要复制的图片。

(2) 单击【开始】|【剪贴板】组中的【复制】按钮。

(3) 将插入点移动到图片副本所需的位置，单击【粘贴】按钮即可。

删除图片时先选定要删除的图片，然后单击【开始】|【剪贴板】组中的【剪切】按钮或按 Delete 键即可。

3.5.6　SmartArt 图形

SmartArt 图形是信息和观点的视觉表示形式，它能够快速、轻松、有效地传达信息。

1. 插入 SmartArt 图形

插入 SmartArt 图形的方法比较简单，具体的操作步骤如下。

(1) 选择【插入】选项卡，在【插图】选项组中单击 SmartArt 按钮，打开【选择 SmartArt 图形】对话框，如图 3-61 所示。

(2) 在左侧列表中选择一种类型，在中间的列表框中选择一种层次布局结构图，单击【确定】按钮，即可在文档中插入选择的层次布局结构图，如图 3-62 所示。要在插入的层次布局结构图中输入文本，可以直接单击结构图内"文本"字样，然后输入文本；也可以单击该结构图左侧的按钮，在弹出的文本窗格中输入文本。

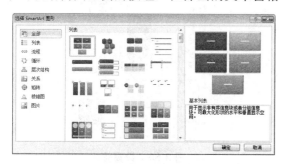

图 3-61　【选择 SmartArt 图形】对话框

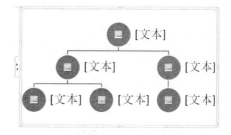

图 3-62　插入的层次布局结构图

2. 设置 SmartArt 图形样式

在文档中插入了 SmartArt 图形后，可以为插入的 SmartArt 图形设置不同的样式，具体的操作步骤如下。

(1) 选择 SmartArt 图形，此时会自动打开【SmartArt 工具】，选择【设计】或【格式】选项卡，如图 3-63 和图 3-64 所示。

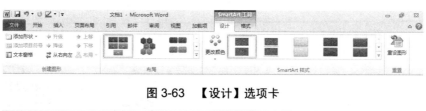

图 3-63　【设计】选项卡

图 3-64　【格式】选项卡

(2) 在【SmartArt 工具】|【设计】选项卡中，可以选择 SmartArt 图形的布局和样式。

(3) 在【SmartArt 工具】|【格式】选项卡中，可以选择 SmartArt 图形的形状、形状样式、艺术字样式、排列及大小。

【实例 3-2】制作邀请函

下面将介绍邀请函的制作，在制作过程中会使用到插入图片、文本框等操作，具体的操作步骤如下。

(1) 启动 Word 2010 后，系统会自动新建一个空白文档，选择【插入】选项卡，在【插图】选项组中单击【形状】按钮，在弹出的下拉列表中选择【矩形】，如图 3-65 所示。

(2) 在文档中绘制图形，然后选择【绘图工具】|【格式】选项卡，在【大小】选项组中将【高度】设置为 8.95 厘米，【宽度】设置为 18.84 厘米。选择创建的矩形，将【形状轮廓】设为【无轮廓】，将【形状填充】颜色设为【水绿色，强调文字颜色 5，深色50%】，如图 3-66 所示。

图 3-65 选择【矩形】形状

图 3-66 设置颜色

(3) 切换到【插入】选项卡，在【插图】选项组中单击【图片】按钮，弹出【插入图片】对话框，选择随书附带网络资源中的"CDROM\素材\第 3 章\001.jpg"图片，并单击【插入】按钮。

(4) 选择插入的素材图片，在【图片工具】|【格式】选项卡的【排列】选项组中单击【位置】按钮，在其下拉列表中选择【中间居中，四周型文字环绕】选项，如图 3-67 所示。

(5) 调整图片的控制点使其与矩形大小相同，并将其放置到矩形的上方，如图 3-68所示。

图 3-67 设置图片位置

图 3-68 调整图片大小和位置

(6)　选择图片，单击鼠标右键，在弹出的快捷菜单中选择【设置图片格式】命令，弹出【设置图片格式】对话框，选择【发光和柔化边缘】选项卡。在【发光】组中将【颜色】设为【水绿色，强调文字颜色 5，深色 50%】，【大小】设为 119 磅，【透明度】设为 100%；【柔化边缘】选项组中将【大小】设为【66 磅】，如图 3-69 所示。

(7)　切换到【图片颜色】选项卡中，在【重新着色】组中单击【预设】后的 按钮，在弹出的列表中选择【水绿色，强调文字颜色 5，深色】效果，并单击【关闭】按钮，如图 3-70 所示。

图 3-69　设置发光和柔化边缘

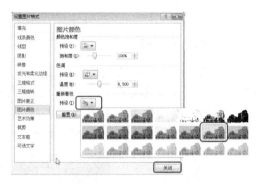

图 3-70　设置图片效果

(8)　继续插入素材文件夹中的 002.png 文件，参考前面介绍的方法将其【位置】设为【中间居中，四周型环绕】，并调整图片的大小和位置，然后按着 Ctrl 键拖动进行复制。选择复制的对象，切换到【图片工具】|【格式】选项卡的【排列】选项组中单击【旋转】按钮，在弹出的下拉菜单中选择【水平反转】命令，效果如图 3-71 所示。

(9)　切换到【插入】选项卡，在【文本】选项组中单击【文本框】按钮，在弹出的下拉列表中选择【绘制文本框】命令，在【绘图工具】|【格式】选项卡的【形状样式】选项组中将【形状填充】和【形状轮廓】设为无，并在文本框中输入"邀请函"，将【字体】设为【隶书】，【字号】设为 80，【字体颜色】设为【茶色，背景 2，深色 10%】，效果如图 3-72 所示。

图 3-71　复制对象并设置水平反转

图 3-72　插入文本框后的效果

(10)　选择文本框，在【绘图工具】|【格式】选项卡的【形状样式】选项组中单击【形状效果】按钮，在弹出的下拉列表中选择【阴影】|【外部】列表选项中的【右下斜偏移】效果选项，如图 3-73 所示。

(11)　使用同样的方法制作出其他文本框，并输入文字设置阴影，完成后的效果如图 3-74 所示。

图 3-73　设置文本框阴影效果

图 3-74　插入其他文本框后的效果

(12) 绘制矩形，将【高度】设为 0.04 厘米，【宽度】设为 9.4 厘米，并将【填充】和【轮廓】颜色设为【茶色，背景 2，深色 10%】，然后调整位置。绘制两个圆形，将【高度】和【宽度】均设为 0.5 厘米，并将【形状填充】和【形状轮廓】颜色设为【茶色，背景 2，深色 10%】，效果如图 3-75 所示。

图 3-75　绘制矩形和圆形后的效果

(13) 将大矩形进行复制，并使用前面介绍的方法插入 003.png 素材文件。

(14) 选择插入的素材图片，切换到【图片工具】|【格式】选项卡，在【调整】选项组中单击【颜色】按钮，在其下拉列表的【重新着色】组中选择【红色，强调文字颜色 2，浅色】，如图 3-76 所示。

(15) 对素材图片进行复制。选择复制的对象，在【图片工具】|【格式】选项卡的【排列】选项组中单击【旋转】按钮，在其下拉列表中选择【水平反转】，效果如图 3-77 所示。

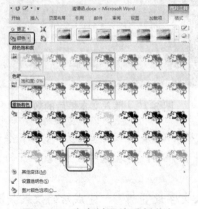

图 3-76　为素材图片重新着色

图 3-77　将图片进行水平反转

(16) 使用前面介绍的方法绘制文本框并输入文字，即可完成邀请函的制作，如图 3-78 所示。

图 3-78　制作完成的邀请函效果

3.6　表 格 处 理

相比文字而言，使用表格表达信息更加简单、直观。表格的使用范围越来越广，在我们的工作、学习和生活中经常需要制作一些表格，如班级成绩表、月收入支出表、工资表等。Word 2010 提供了强大的表格处理功能，可以帮助我们制作各种美观和实用的表格。

3.6.1　创建表格

使用绘制表格工具可以非常灵活、方便地绘制或修改表格，特别是那些单元格的行高、列宽不规则，或带有斜线表头的复杂表格。绘制表格的方法有如下两种。

1. 使用工具栏按钮创建表格

使用工具栏按钮创建表格的操作步骤如下。

(1) 在【插入】选项卡下，单击【表格】按钮，选择需要插入表格的行数和列数，这里选择"6×4 表格"，Word 2010 就自动在文档光标所在处插入一个表格，如图 3-79 所示。

(2) 移动鼠标即可选择表格的行和列。

提示：打开选择列表时，Word 2010 最多可以插入 10×8 的表格，表示最多只能创建 8 行 10 列的表格，创建完成后即可在表格内输入文字。

2. 使用菜单命令创建表格

使用菜单命令创建表格的步骤如下。

(1) 执行【插入】|【表格】|【插入表格】命令。

(2) 弹出【插入表格】对话框，在【列数】和【行数】文本框中输入表格的行数和列数。设置完成后单击【确定】按钮，即可创建表格，如图 3-80 所示。

图 3-79　利用工具栏创建表格　　　　　图 3-80　【插入表格】对话框

3.6.2　编辑表格

对已制作好的表格，除了可以进行合并和拆分单元格外，还可以对其进行增加、删除行和列单元格。

1. 插入、删除行和列

1) 插入行和列

要在表格中插入行和列，必须选中插入行和列的位置，然后执行相关插入命令，其操作方法有两种。

(1) 选择【表格工具】|【布局】选项卡，在【行和列】选项组中单击【在上方插入】、【在下方插入】、【在左侧插入】或【在右侧插入】命令，如图 3-81 所示。

(2) 选中行或列后，单击鼠标右键，选择快捷菜单中的【插入】命令，在子菜单中选择相应的命令即可插入行或列，如图 3-82 所示。

图 3-81　【行和列】选项组　　　　　图 3-82　利用快捷菜单插入行或列

提示：插入行与插入列的方法不同之处在于选择的是列还是行。可以一次选中多行或多列，然后进行多行或多列的插入。

2) 删除行和列

在表格中删除行和列非常简单，先选择行或列后，单击【剪切】按钮或按 Ctrl+X 组合键，或在【表格工具】|【布局】选项卡的【行和列】选项组中选择【删除】|【删除行】或【删除列】命令。

若删除整个表格，可以在【表格工具】|【布局】选项卡的【行和列】选项组中选择【删除】|【删除表格】命令。

2. 插入、删除单元格

要插入或删除单元格，首先选定单元格。选择【表格工具】|【布局】选项卡，在【行和列】选项组中，单击右下角对话框启动器按钮，此时弹出【插入单元格】对话框，如图 3-83 所示，有 4 种插入单元格的方式可供选择。

(1)　【活动单元格右移】：插入单元格后，在插入点位置的单元格将向右移动。

(2)　【活动单元格下移】：插入单元格后，在插入点位置的单元格将向下移动。

(3)　【整行插入】：在当前插入单元格位置插入行，原单元格所在行下移。

(4)　【整列插入】：在当前插入单元格位置插入列，原单元格所在列右移。

当要删除单元格时，选中要删除的单元格，右击，在弹出的快捷菜单中选择【删除单元格】命令。此时将出现如图 3-84 所示的【删除单元格】对话框，从中可以选择 4 种删除单元格的方式。

图 3-83　【插入单元格】对话框　　　　　图 3-84　【删除单元格】对话框

注意：删除单元格不能用【剪切】按钮，【剪切】只能删除单元格中的文本，而不能删除整个单元格。

3. 合并单元格

合并单元格的方法如下。

(1)　选择几个相邻的单元格，在【表格工具】|【布局】选项卡的【合并】选项组中单击【合并单元格】按钮，如图 3-85 所示。

(2)　选择几个相邻的单元格，右击，在弹出的快捷菜单中选择【合并单元格】命令，如图 3-86 所示。

图 3-85　单击【合并单元格】按钮　　　　　图 3-86　选择【合并单元格】命令

4. 拆分单元格

拆分单元格的操作步骤如下。

(1) 将光标置于需要拆分的单元格内。

(2) 在【表格工具】|【布局】选项卡的【合并】选项组中单击【拆分单元格】按钮。

(3) 弹出【拆分单元格】对话框，设置要拆分的列数和行数，并单击【确定】按钮，如图 3-87 所示。

图 3-87　【拆分单元格】对话框

5. 改变表格的列宽与行高

改变表格列宽的方法有两种。

(1) 将鼠标指针停留在要更改宽度的列的边框上，直到指针变为 ┿，然后按住鼠标左键拖动边框，直到得到所需的列宽再松开鼠标。

(2) 选择需要调整的单元格。选择【表格工具】|【布局】选项卡，在【表】选项组中单击【属性】按钮。在弹出的【表格属性】对话框中单击【列】选项卡，选中【指定宽度】复选框，在【指定宽度】选项框中输入所需数值，单击【确定】按钮，如图 3-88 所示。

设置表格行高的方法与设置列宽的方法相似，需要注意的是，在打开的【表格属性】对话框的【行】选项卡中，先要选中【指定高度】复选框，且在【行高值是】列表框中选择【固定值】，然后设置行高值，如图 3-89 所示。

图 3-88　设置列宽

图 3-89　设置行高

3.6.3　设置表格格式

在 Word 2010 中可以使用内置的表格样式或者使用边框、底纹和图形填充功能来美化表格和页面。

1. 设置表格内容的对齐方式

设置表格内容对齐方式的方法有以下两种。

(1) 选择需要调整的单元格，切换到【开始】选项卡，在【段落】选项组中可以通过【文本左对齐】按钮、【居中】按钮、【文本右对齐】按钮、【两端对齐】按钮、【分散对齐】按钮进行调整，如图 3-90 所示。

（2）选择需要调整的单元格，单击鼠标右键，在弹出的快捷菜单中选择【单元格对齐方式】命令，在弹出的子菜单中选择相应的对齐方式，如图 3-91 所示。

图 3-90　【段落】选项组　　　　　　图 3-91　利用快捷菜单设置对齐方式

2. 设置表格边框

在 Word 2010 中可以将表格设置成只有行线、没有列线或者是四周有边框，而中间单元格没有边框的样式，也可以设置边框的粗细、颜色等。使用【边框和底纹】对话框设置表格边框的操作步骤如下。

（1）选择要设置边框的表格或单元格，在选择的表格上单击鼠标右键，在弹出的快捷菜单中选择【边框和底纹】选项。

（2）打开【边框和底纹】对话框，在该对话框中选择【边框】选项卡，在【设置】区域中有 5 个选项，分别是【无】、【方框】、【全部】、【虚框】和【自定义】选项，可以用来设置表格四周的边框。用户可以根据需要设置边框，设置完成后单击【确定】按钮，如图 3-92 所示。

3. 设置表格底纹

设置表格底纹的操作步骤如下。

（1）选择要设置底纹的表格或单元格。

（2）在选择的表格或单元格上单击鼠标右键，在弹出的快捷菜单中选择【边框和底纹】选项，打开【边框和底纹】对话框，在该对话框中选择【底纹】选项卡，如图 3-93 所示。

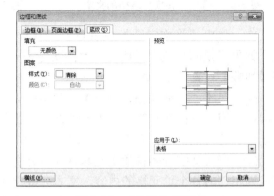

图 3-92　【边框和底纹】对话框　　　　　图 3-93　【底纹】选项卡

（3）在【填充】下拉列表框中选择底纹颜色，如果选择【无颜色】则无底纹颜色。

(4) 在【图案】选项组中可以选择图案的【样式】和【颜色】，在【应用于】下拉列表中设置要应用的范围。

● 【表格】：选择【表格】，则设置应用于整个表格。

● 【单元格】：选择【单元格】，则设置仅用于选择的单元格，可以是一个单元格，也可以是一行或一列。

3.6.4 文本和表格之间的转换

在 Word 2010 中，用户可以方便地进行文本和表格之间的转换。

1. 将文本转换成表格

在 Word 2010 中，可以将用段落标记、逗号、空格或其他特定字符隔开的文本转化为表格，具体的操作步骤如下。

(1) 单击【文件】按钮，在弹出的下拉菜单中选择【打开】选项，在弹出的对话框中选择随书附带网络资源中的"CDROM\素材\第 3 章\成绩.docx"文件，单击【打开】按钮，然后选择要转换为表格的文本，如图 3-94 所示。

(2) 选择【插入】选项卡，在【表格】组中单击【表格】按钮，在弹出的下拉列表中选择【文本转换成表格】命令，如图 3-95 所示。

学号	姓名	性别	成绩
001	陈德	男	98
002	高迁	男	89
003	王聪	女	92
004	刘青	女	99

图 3-94 选择要转换为表格的文本   图 3-95 选择【文本转换成表格】命令

(3) 弹出【将文字转换成表格】对话框，在【列数】数值框中输入转换后表格的列数。如果指定的列数大于所选内容的实际需要时，多余的单元格将成为空单元格。在这里将【列数】设置为 4，如图 3-96 所示。

(4) 在【"自动调整"操作】选项区中，默认设置为【固定列宽】，这里使用默认设置即可。用户可在其右侧的文本框中指定表格的列宽或选择【自动】，由 Word 2010 根据所选内容的情况自定义列宽。

(5) 在【文字分隔位置】选项区中，选择一种分隔符，用分隔符隔开的各部分内容分别成为相邻的各个单元格的内容，文本分隔符有以下几种。

● 【段落标记】：把选中的段落转换成表格，每个段落成为一个单元格的内容。

● 【制表符】：用制表符隔开的各部分内容作为各个单元格的内容。

- 　【逗号】：用逗号隔开的各部分内容成为各个单元格的内容。
- 　【其他字符】：可在对应的方框中输入其他的半角字符作为文本分隔符。用输入的文本分隔符隔开的各部分内容作为各个单元格的内容。
- 　【空格】：用空格隔开的各部分内容成为各个单元格的内容。在这里选中该单选按钮。

(6)　设置完成后单击【确定】按钮，效果如图 3-97 所示。

图 3-96　设置【列数】为 4　　　　　　图 3-97　将文本转换成表格

提示：将文本段落转换为表格时，【行数】微调框不可用。此时的行数由选择内容中所含分隔符数和选定的列数决定。

2. 将表格转换成文本

在 Word 2010 中也可将表格中的内容转换为普通的文本段落，并将各单元格中的内容转换后用段落标记、逗号、制表符或用户指定的特定字符隔开。操作步骤如下。

(1)　继续上一节的操作，选中要转换为文本段落的若干行单元格或将光标放置在要转换的表格中，如图 3-98 所示。

(2)　选择【表格工具】|【布局】选项卡，在【数据】选项组中单击【转换为文本】按钮，打开【表格转换成文本】对话框，如图 3-99 所示。

图 3-98　指定插入符位置　　　　　　图 3-99　【表格转换成文本】对话框

(3)　在【文字分隔符】选项区中，选择要作为文本分隔符的选项。

- 　【段落标记】：将把每个单元格的内容转换成一个文本段落。
- 　【制表符】：将把每个单元格的内容转换后用制表符分隔，每行单元格的内容成为一个文本段落。
- 　【逗号】：将把每个单元格的内容转换后用逗号分隔，每行单元格的内容成为一个文本段落。

- 【其他字符】：可在对应的方框中键入用作分隔符的半角字符。每个单元格的内容转换后用输入的文本分隔符隔开，每行单元格的内容成为一个文本段落。

(4) 在这里选中的是【制表符】单选按钮，然后单击【确定】按钮，效果如图 3-100 所示。

学号	姓名	性别	成绩
001	陈德	男	98
002	高迁	男	89
003	王聪	女	92
004	刘青	女	99

图 3-100　将表格转换为文本

3.6.5　数据的排序与计算

在 Word 2010 的表格中，可以依照某列对表格进行排序，对数值型数据还可以按从小到大或从大到小的不同方式排列顺序。此外，利用表格的计算功能，还可以对表格中的数据执行一些简单的运算，如求和、求平均值、求最大值等，并可以方便、快捷地得到计算结果。

1. 表格中的数据排序

在 Word 2010 中，可以按照递增或递减的顺序把表格的内容按笔画、数字、拼音及日期进行排序。由于对表格的排序可能使表格发生巨大的变化，所以在排序前最好要保存文档。对重要的文档则应考虑用备份进行排序。为表格数据排序的方法如下：

(1) 打开随书附带网络资源中的"CDROM\素材\第 3 章\成绩表.docx"文件，在任意单元格中单击，如图 3-101 所示。

学号	姓名	语文	数学	英语	总成绩	平均成绩
001	陈德	95	99	100		
002	高迁	96	96	99		
003	王聪	80	90	95		
004	刘青	85	87	90		

图 3-101　打开素材中的成绩表

(2) 选择【表格工具】|【布局】选项卡，在【数据】组中单击【排序】按钮，如图 3-102 所示。

图 3-102　单击【排序】按钮

(3) 打开【排序】对话框，在【主要关键字】下拉列表框中选择一种排序依据(这里选择【列 3】)，【类型】设为【数字】，选中【升序】单选按钮，如图 3-103 所示。

(4) 设置完成后单击【确定】按钮，排序后的效果如图 3-104 所示。

图 3-103　【排序】对话框

学号	姓名	语文	数学	英语	总成绩	平均成绩
003	王聪	80	90	95		
004	刘青	85	87	90		
001	陈德	95	99	100		
002	高迁	96	96	99		

图 3-104　排序后的效果

在 Word 2010 中允许以多个排序依据进行排序。如果要进一步指定排序的依据，可以指定在次要关键字、第三关键字中的排序类型及排序的顺序。

2. 表格中的计算

利用 Word 2010 中的【公式】命令，用户可以对表格中的数据进行多种运算。利用【公式】命令计算如图 3-105 所示的表格中的"总成绩"和"平均成绩"的操作步骤如下。

(1) 继续上一节的操作，将光标置于如图 3-105 所示的表格中。

(2) 选择【表格工具】|【布局】选项卡，在【数据】选项组中单击【公式】按钮，打开【公式】对话框，在【公式】文本框中会有求和公式为默认公式，如图 3-106 所示。

学号	姓名	语文	数学	英语	总成绩	平均成绩
003	王聪	80	90	95		
004	刘青	85	87	90		
001	陈德	95	99	100		
002	高迁	96	96	99		

图 3-105　原始表格

图 3-106　【公式】对话框

(3) 单击【确定】按钮，会求出"总成绩"，如图 3-107 所示。

学号	姓名	语文	数学	英语	总成绩	平均成绩
003	王聪	80	90	95	265	
004	刘青	85	87	90		
001	陈德	95	99	100		
002	高迁	96	96	99		

图 3-107　求和结果

如果所选单元格位于数字列底部，Word 会建议用"=SUM(ABOVE)"公式，即对该插入符上方各单元格中的数值求和。若不想用 Word 建议的公式，可以进行以下操作。

● 删除【公式】框中除等号(=)以外的内容，输入自己的数据和运算公式。如果将插入符置入"平均成绩"单元格中(即 F2 单元格)，然后输入"=F2/3"，即可得到如图 3-108 所示的计算结果。

● 从【粘贴函数】列表中选择一个函数，并在圆括号内输入要运算的参数值。

学号	姓名	语文	数学	英语	总成绩	平均成绩
003	王聪	80	90	95	265	88.33
004	刘青	85	87	90	262	
001	陈德	95	99	100	294	
002	高迁	96	96	99	291	

图 3-108　自定义计算后的结果

● 利用同样的方法求出其他的"平均成绩"，如图 3-109 所示。

学号	姓名	语文	数学	英语	总成绩	平均成绩
003	王聪	80	90	95	265	88.33
004	刘青	85	87	90	262	87.33
001	陈德	95	99	100	294	98
002	高迁	96	96	99	291	97

图 3-109　求出平均成绩后的结果

3.7　小型案例实训

下面以"制作个人简历"和"制作合作协议书"两个案例对本章节所讲解的内容进行巩固。

3.7.1　制作个人简历

本案例将重点讲述使用 Word 2010 制作个人简历的方法。通过制作个人简历，不仅能够学习到有关 Word 2010 的基本操作，而且还可以掌握一些制作技巧，使用户对 Word 2010 有一个更直观、更具体的认识。制作个人简历的具体操作步骤如下。

(1) 启动 Word 2010，系统将自动新建一个空白文档。

(2) 打开随书附带网络资源中"CDROM\素材\第 3 章\【个人简历】素材.txt"文件。将记事本中的内容粘贴到 Word 2010 文档中，如图 3-110 所示。

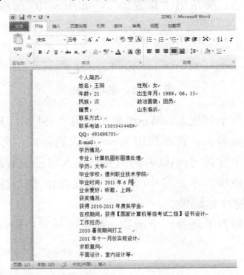

图 3-110　将素材文字内容复制到 Word 文档中

(3)　根据简历中现有的内容进行分类，将姓名、性别、年龄、出生年月、政治面貌、民族、籍贯分为一类；将联系方式分为一类；将学历情况分为一类；将求职意向分为一类……整理划分段落之后的简历如图 3-111 所示。

(4)　选中所有文本，将字体设置为【黑体】，字号为【五号】，如图 3-112 所示。

图 3-111　整理后的个人简历

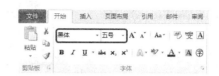

图 3-112　设置字体字号

提示： 在输入文字和划分段落时，会遇到换行问题。一般情况下都会使用回车键进行操作，在该例的制作中应用到了另一种换行方式——Shift+Enter 组合键。这种换行的换行符显示为 ↓，而直接使用回车键的换行符显示为 ↵。这两种换行方式的区别在于，直接使用回车键换行时，上一行和下一行之间并没有连带关系，可以认为是并列关系；而使用 Shift+Enter 组合键换行时，其上一行和下一行之间存在一定的连带关系。

(5)　选择【插入】选项卡中【表格】下拉列表框中的【插入表格】选项，如图 3-113 所示。

(6)　在弹出的【插入表格】对话框中将【表格尺寸】选项组中的【列数】和【行数】分别设置为 2 和 14，设置完成后单击【确定】按钮，如图 3-114 所示。

图 3-113　插入表格

图 3-114　设置【列数】和【行数】

(7) 添加完表格后将文字内容添加到表格中，完成后的效果如图 3-115 所示。

(8) 选择文本"个人简历"，将字体设置为【方正大黑简体】，字号设置为【小四】，然后单击【居中对齐】按钮，将选择的文本居中对齐，如图 3-116 所示。

图 3-115　添加完内容的表格　　　　图 3-116　设置"个人简历"字体样式

(9) 选择表格对象，单击【开始】选项卡中【段落】组中的【居中】按钮，将表格对象居中对齐，如图 3-117 所示。

(10) 在简历中选择第一个表格对象，切换至【表格工具】|【布局】选项卡，单击【合并】选项组中的【拆分单元格】按钮，弹出【拆分单元格】对话框，在该对话框中将【列数】和【行数】分别设置为 2 和 1，设置完成后单击【确定】按钮，如图 3-118 所示。再使用同样的方法对其他表格进行拆分和合并，然后适当地调整简历内容，制作后的效果如图 3-119 所示。

图 3-117　将表格居中对齐　　　　图 3-118　拆分单元格

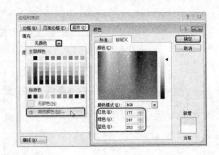

图 3-123　选择的表格部分　　　　　　　图 3-124　设置底纹颜色

3.7.2　制作合作协议书

本例讲解的知识点主要包括文字、段落设置等。

(1) 打开随书附带网络资源中的"CDROM\素材\第 3 章\合作协议书.docx"文件。

(2) 选中标题"合作协议书"，选择【开始】选项卡，在【字体】组中设置字体为【方正姚体】，字号为【小二】，单击【加粗】按钮 **B**；在【段落】组中单击【居中对齐】按钮，然后单击 按钮，在弹出的【段落】对话框的【缩进和间距】选项卡的【间距】组中，将【段前】和【段后】均设置为【3 行】，【行距】设置为【最小值】，【设置值】设置为【16 磅】，单击【确定】按钮，如图 3-125 所示。

图 3-125　设置标题的段落和文字格式

💡 **注意**：选中标题"合作协议书"，右击，在弹出的快捷菜单中选择【段落】命令，也会弹出【段落】对话框。

(3) 选中协议的内容，选中【开始】选项卡，单击【段落】选项组中的【行和段落间距】按钮，在弹出下拉菜单中选择【行距选项】命令。在弹出的【段落】对话框的

【缩进和间距】选项卡的【间距】选项组中，设置【段前】和【段后】值均为【6 磅】，
【行距】为【最小值】，【设置值】为【16 磅】，如图 3-126 所示。

(4) 在【开始】选项卡的【字体】选项组中设置字体为【黑体】，字号为【小四】，
单击【加粗】按钮 **B**，在【段落】组中单击【两端对齐】按钮 ▤，如图 3-127 所示。

图 3-126　设置协议内容的段落格式

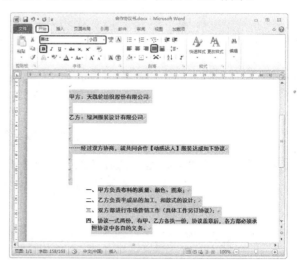

图 3-127　设置文字格式

(5) 选中协议的具体条款，然后单击【开始】选项卡中【段落】选项组中的【行和段
落间距】按钮 ‡=▾，弹出【段落】对话框，在【缩进间距】选项卡中的【缩进】选项组中
将【左侧】与【右侧】分别设置为【4 厘米】和【0 字符】，将【特殊格式】设置为【悬
挂缩进】，【磅值】设置为【1 厘米】，如图 3-128 所示。

(6) 单击【插入】选项卡中【插图】选项组中的【形状】按钮，在弹出的下拉列表框
中选择【矩形】按钮 ▢，按鼠标左键拖动，在文档下方画出一个矩形框，将为其添加描
边，如图 3-129 所示。

图 3-128　设置条款的段落格式

图 3-129　插入矩形框

(7) 用鼠标右键单击，在弹出的快捷菜单中选择【添加文字】命令，如图 3-130 所
示。矩形变成可以插入文本的矩形框，在矩形框中输入文字"甲方单位名称""乙方单位

名称""日期"及"签名"等内容。

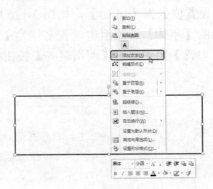

图 3-130　添加文字

提示：选中矩形框，选择【绘图工具】的【格式】选项卡，在【插入形状】选项组中单击【编辑文本】按钮，矩形变成可以插入文本的矩形框，此时可在矩形框中输入文字。

(8) 至此合作协议书的制作已经完成，将制作完成后的场景文件进行保存。

3.8　本 章 小 结

Word 2010 作为最流行的文字处理软件，该软件作为 Office 2010 套件的核心之一，Word 2010 提供了许多易于使用的文档创建工具，同时也包含了丰富的功能。本章重点介绍了 Word 2010 的使用方法，在介绍该部分时分为四部分进行了讲解。

第一部分主要介绍了 Word 2010 的基础知识，包括如何启动和退出程序，另外还介绍了 Word 2010 的工作环境及视图方式。

第二部分主要讲解了文字编辑技术，包括文字、段落的编辑技术，该部分为重点内容需重点掌握。

第三部分主要讲解了页面设置和高级排版技术，其中需重点掌握的是高级艺术字、艺术字和文本框的创建及编辑。

第四部分主要介绍了表格处理技术，包括如何创建、编辑表格等。

习　　题

操作题

1. 打开随书附带网络资源中的 "CDROM\素材\第 3 章\电压.docx" 文件，完成以下操作后将其另存为电压 OK.docx 文件。

(1) 将标题段文字 "电压" 设置为小一号宋体、加粗、居中。

(2) 正文文字 "电压……现象当中" 设置为五号宋体，各段落左、右各缩进 1 个字符，首行缩进 2 个字符，段前间距为 1 行，行距为 1.5 倍行距。

(3) 将表格标题 "国家或地区的电压数值" 设置为四号宋体、蓝色、加粗、居中。

（4）将文中最后 8 行统计数字转换成一个 8 行 3 列的表格，表格居中，列宽为 5 厘米，表格中的文字设置为五号宋体、蓝色，表格内容对齐方式为水平居中。

（5）将表格边宽设为全部实线蓝色，宽度为 0.5 磅。

2. 参考图 3-131 所示的名片正面样板进行名片设计，可以充分发挥自己的想象力。

图 3-131　名片样板

第 4 章

电子制表软件 Excel 2010

本章要点:

- Excel 2010 的基础知识。
- 在 Excel 2010 中管理工作簿。
- 在 Excel 2010 中编辑单元格。
- 在 Excel 2010 中编辑工作表。
- 在 Excel 2010 中设置工作表属性。
- Excel 2010 中的公式和函数应用。
- Excel 2010 中的数据管理和分析技术。

学习目标:

- 认识 Excel 2010 软件的操作界面。
- 了解工作簿、工作表、单元格的概念及相关操作方法。
- 掌握数据排序、筛选、公式运算等数据处理方法。
- 掌握建立各类图表的方法。

4.1 Excel 2010 基础知识

本节将重点介绍 Excel 2010 的基础知识,包括如何启动 Excel 2010 及其工作界面。

4.1.1 启动 Excel 2010

启动 Excel 2010 的方法主要有以下几种。

1) 通过桌面快捷图标启动

安装 Excel 2010 后,系统会自动在计算机桌面上添加快捷图标,如图 4-1 所示。此时双击该图标即可启动 Excel 2010,这是最直接也是最常用的启动该软件的方法。

2) 通过【开始】菜单启动

与其他多数应用软件类似,安装 Excel 2010 后,系统会自动在【开始】菜单的【所有程序】子菜单中创建一个名为 Microsoft Office 的程序组,在其中选择 Microsoft Excel 2010 命令即可启动,如图 4-2 所示。

图 4-1 Excel 2010 的快捷图标

图 4-2 通过【开始】菜单启动 Excel 2010

4.1.2　Excel 2010 的工作界面

Excel 2010 的工作界面如图 4-3 所示。Excel 2010 界面中组成元素的作用与 Word 2010 基本相似，在此不再做详细介绍了。下面对工作簿窗口进行简单的介绍。

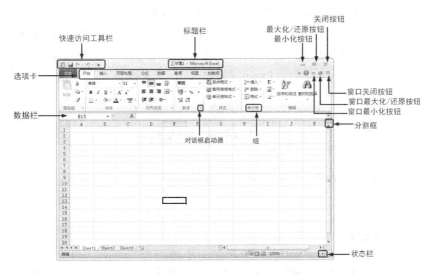

图 4-3　Excel 2010 工作界面

工作簿窗口位于 Excel 2010 窗口的中央区域，它主要由工作表、工作表标签、行号、列标等构成，如图 4-4 所示。当启动 Excel 2010 时，系统将自动打开一个名为"工作簿 1"的工作簿窗口。默认情况下，工作簿窗口处于最大化状态，单击工作簿窗口标题栏右侧的【还原】按钮，将使工作簿窗口处于还原状态。

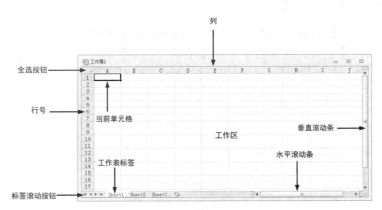

图 4-4　Excel 2010 工作簿窗口

4.1.3　工作簿与工作表

Excel 用于保存表格内容的文件被称为工作簿，Excel 2010 的文件扩展名为.xlsx。每一个工作簿中可以包含若干个工作表，默认情况下包含 3 个工作表，分别是 Sheet1、Sheet2、Sheet3，每个标签对应一个工作表。工作表的名字可以修改，工作表的个数也可

以增减。改变新建工作簿时默认工作表数的方法：选择【文件】|【选项】命令，切换到【常规】选项卡，在【新建工作簿时】选项组的【包含的工作表数】微调框中输入要添加的默认工作表数。

工作表位于工作簿窗口的中央区域，由行号、列标和网格线构成。工作表也被称为电子表格，它是 Excel 用来存储和处理数据的最主要的文档。

位于工作表左侧的编号区为各行行号，工作表上方的字母区为各列列标。在 Excel 2010 中，每一个工作表最多有 1048576 行和 16384 列。行和列相交形成单元格，它是存储数据和公式及进行运算的基本单位。Excel 用列标、行号来表示某个单元格，例如，A1 代表第 1 行第 A 列处的单元格。

4.2 工作簿的管理

本节主要学习建立、关闭、打开、保存工作簿文件的方法，以及在多个打开的工作簿之间进行切换。

4.2.1 创建工作簿

用 Excel 2010 进行操作，首先需要创建一个工作簿。创建空白工作簿的方式有以下 3 种。

1. 自动创建

启动 Excel 2010 后，系统会自动创建一个名称为"工作簿 1"的工作簿。这时可以在这个空白工作簿中输入数据。

2. 通过【文件】菜单创建

(1) 单击【文件】菜单，在弹出的下拉菜单中选择【新建】命令。

(2) 在右侧的【主页】选项组中选择【空白工作簿】选项，在右下角单击【创建】按钮，如图 4-5 所示。

图 4-5 创建空白工作簿

3. 使用快速访问工具栏创建

(1) 单击快速访问工具栏右侧的下三角按钮，在弹出的下拉菜单中选择【新建】命令，将【新建】选项添加到快速访问工具栏中。

(2) 单击【新建】按钮，如图 4-6 所示，这样就可以创建一个空白工作簿。

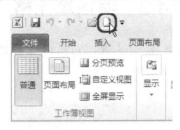

图 4-6　单击【新建】按钮

4.2.2　工作表标签

工作表标签位于工作簿窗口的底端，用来表示工作表的名称。通过单击某个标签，可以指定相应的工作表为当前工作表，当前工作表标签以白底黑字显示。例如，图 4-7 所示的当前工作表标签为 Sheet2。

图 4-7　Sheet2 为当前工作表

此外，当工作簿中含有较多的工作表时，单击标签左侧的滚动按钮，可以滚动显示不同的工作表标签，而向左或向右拖动标签右侧的分隔条可以减少或增加显示的标签个数。

4.2.3　保存工作簿

在使用工作簿的过程中，为避免电源故障或系统崩溃等突发事件造成用户数据丢失，需要对工作簿及时保存。保存工作簿的具体操作步骤如下。

(1) 单击【文件】菜单，在弹出的下拉菜单中选择【保存】命令，或按 Ctrl+S 组合键，也可以单击快速访问工具栏上的【保存】按钮，如图 4-8 所示。

(2) 弹出【另存为】对话框，选择一个保存位置，在【文件名】下拉列表框中输入文件名称，然后单击【保存】按钮即可保存文件。

对于已经保存过的文件，只需要单击快速访问工具栏上的【保存】按钮，或者直接按 Ctrl+S 组合键，也可以选择【文件】|【保存】命令，这样都可以将修改或编辑过的文件按原来的方式保存。

图 4-8　选择【保存】命令

如果想将修改或编辑过的文件另存一份工作簿,可以选择【文件】|【另存为】命令,在弹出的【另存为】对话框中,用户可以重新选择要保存的路径,并对文件名进行重新命名。

4.3   编辑单元格

单元格是工作表中行列交汇处的区域,它可以保存数值、文字和声音等数据。在 Excel 2010 中,单元格是编辑数据的基本元素。

4.3.1   选择单元格

要对单元格进行编辑,就必须先选定单元格。选定单元格的方法和在 Windows 7 中选定文件或文件夹的方法类似。

1. 选定单元格

选定单元格的方法有以下两种。

(1)   用鼠标直接选取。

● 用鼠标单击某单元格,即可选中一个单元格。

● 用鼠标在表格中拖动,可以选中多个连续的单元格。

● 按住 Ctrl 键,用鼠标单击,可以选中多个不连续的单元格。

(2)   选择【开始】|【编辑】|【查找和选择】|【转到】命令,打开【定位】对话框,在【引用位置】文本框中输入要选定的单元格地址,如 A2。

💡 注意:选定单元格后,单元格对应的行号和列号出现浅橙色底纹,如图 4-9 所示。

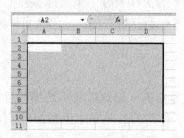

图 4-9   选定的单元格

2. 选定行、列

(1)   选定一行(列)的方法:单击行号(列号)。

(2)   选定多行(列)的方法:拖动选中行号(列号),或选中第 1 行(列)的行号(列号)后按住 Shift 键,单击最后 1 行(列)的行号(列号)。

(3)   选中不相邻行(列)的方法:按住 Ctrl 键,逐个单击行(列)的行号(列号)。

3. 全选

单击工作表的 A 列左侧(1 行上方)的全选按钮,可以选中整个工作表。无论选定了什么样的区域，只要用鼠标单击任意一个单元格，就可以取消选择。

4.3.2　移动、复制单元格

Excel 2010 可以使用【复制】和【粘贴】命令移动或复制整个单元格区域或其内容。移动单元格数据是指将某些单元格或单元格区域中的数据移到其他单元格中，复制数据是指将某个单元格或单元格区域中的数据复制到指定的位置，原位置的数据仍然存在。此外，用户还可以复制单元格的特定内容或属性。例如，可以复制公式的结果值而不复制公式本身，或者可以只复制公式。如果原先单元格中含有计算公式，移动或复制到新位置时，公式会因单元格或单元格区域引用的变化，生成新的计算结果。

除了使用传统方法移动、复制单元格外，还可以采用拖动的方法对单元格进行移动和复制。

1)　拖动移动

单击单元格的边框(注意不要单击单元格内部空白区域)，按住鼠标左键，将其拖动到目标位置(这时会出现一个随光标移动的单元格虚线框)，松开鼠标左键，即可完成单元格的移动，如图 4-10 所示。

(a)　移动过程

(b)　移动结果

图 4-10　拖动移动单元格

2)　拖动复制

拖动时按住 Ctrl 键，使用前面介绍的移动方法就能对单元格进行复制。

4.3.3　插入单元格

1. 插入行或列

插入行或列的操作步骤如下。

(1)　选择某一行或列单元格。

(2)　切换到【开始】选项卡，在【单元格】组中单击【插入】右侧的 按钮，在其下拉菜单中选择【插入工作表行】或【插入工作表列】命令，如图 4-11 所示。

2. 插入单元格

插入单元格的具体操作步骤如下。

(1) 选择某个单元格。

(2) 切换到【开始】选项卡，在【单元格】组中单击【插入】按钮，在弹出的下拉菜单中选择【插入单元格】命令。

(3) 弹出【插入】对话框，选择相应的插入方式，如图 4-12 所示。

图 4-11　插入行或列　　　　　　　图 4-12　【插入】对话框

(4) 设置完成后单击【确定】按钮。

在【插入】对话框中有 4 个选项供用户选择，其说明如下。

● 【活动单元格右移】：选中该单选按钮，插入的单元格出现在所选择单元格的左边。

● 【活动单元格下移】：选中该单选按钮，插入的单元格出现在所选择单元格的上方。

● 【整行】：选中该单选按钮，在选定单元格上面插入一行。

● 【整列】：选中该单选按钮，在选定单元格左边插入一列。

4.3.4　清除单元格

清除单元格包括删除单元格中的内容(公式和数据)、格式(包括数字格式、条件格式和边框)以及任何附加的标注。清除单元格的具体操作步骤如下。

(1) 选择某个单元格。

(2) 切换到【开始】选项卡，在【编辑】组中单击【清除(格式、内容、批注、超链接)】按钮，在弹出的下拉菜单中选择相应的命令即可，如图 4-13 所示。

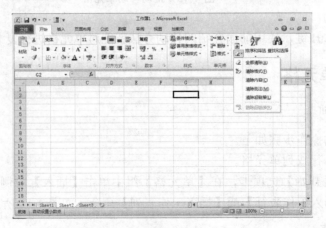

图 4-13　选择清除单元格的命令

在【清除】下拉菜单中有 5 个命令供用户选择，其说明如下。

- 【全部清除】：选择该命令，清除单元格的内容和批注，并将格式置回常规。
- 【清除格式】：选择该命令，仅清除单元格的格式设置，将格式置回常规。
- 【清除内容】：选择该命令，仅清除单元格的内容，不改变其格式或批注。
- 【清除批注】：选择该命令，仅清除单元格的批注，不改变单元格的内容和格式。
- 【清除超链接】：选择该命令，仅清除单元格的超链接，不改变单元格的内容和格式。

4.3.5　删除单元格

在实际操作过程中有时需要删除工作表中的某单元格或单元格区域，具体操作步骤如下。

(1)　选择某个单元格。

(2)　切换到【开始】选项卡，在【单元格】组中单击【删除】按钮，在其下拉菜单中选择相应的命令。

在【删除】下拉菜单中有 4 个命令供用户选择，其说明如下。

- 【删除单元格】：选择该命令，将选择的单元格删除。
- 【删除工作表行】：选择该命令，将该单元格所在的行删除。
- 【删除工作表列】：选择该命令，将该单元格所在的列删除。
- 【删除工作表】：选择该命令，将该单元格所在的工作表删除。

【实例 4-1】制作学习成绩表

本实例将讲解制作学习成绩表，具体操作步骤如下。

(1)　启动软件后新建空白文档，选择第 1 行单元格，切换到【开始】选项卡，在【单元格】组中单击【格式】按钮，在弹出的下拉菜单中选择【行高】命令，弹出【行高】对话框，将【行高】设为 40，如图 4-14 所示。

(2)　将第 2 行、第 4~23 行单元格的行高设为 16，第 3 行单元格的行高设为 20，如图 4-15 所示。

图 4-14　设置【行高】为 40

图 4-15　设置单元格的行高

(3) 选择 B1:H1 单元格区域，在【对齐方式】组中单击【合并后居中】按钮，将单元格进行合并居中。在合并的单元格中输入"初二三班期末成绩表"，在【开始】选项卡的【字体】组中将字体设为【宋体】，将字号设为 22，并单击【加粗】按钮，如图 4-16 所示。

(4) 选择 B~H 列，切换到【开始】选项卡，在【单元格】组中单击【格式】按钮，在弹出的下拉菜单中选择【列宽】命令，弹出【列宽】对话框，将【列宽】设为 12，如图 4-17 所示。

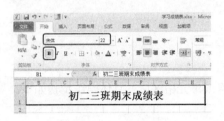

图 4-16　输入标题文字

图 4-17　设置列宽

(5) 将 G2:H2 单元格进行合并，并在其内输入"日期：6 月 20 日"；在 B3:H3 单元格中输入文字，将字体设为【宋体】、字号设为 12，并单击【加粗】按钮；在其他的单元格中输入剩余文字，如图 4-18 所示。

(6) 在 G4 单元格中输入"=SUM(D4:F4)/3"，按 Enter 键，完成计算，如图 4-19 所示。

图 4-18　输入文字

图 4-19　输入公式

(7) 选择 G4 单元格，将鼠标置于 G4 单元格的右下角，当鼠标变为**+**时，按住鼠标拖动到 G23 单元格，如图 4-20 所示。

(8) 在 H4 单元格中输入"=SUM(D4:F4)"，按 Enter 键进行计算，并将其向下自动填充到 H23 单元格中，如图 4-21 所示。

(9) 选择 G 列单元格，单击鼠标右键，在弹出的快捷菜单中选择【设置单元格格式】命令，弹出【设置单元格格式】对话框，切换到【数字】选项卡，在【分类】列表框中选择【数值】选项，将【小数位数】设为 0，单击【确定】按钮，如图 4-22 所示。

(10) 选择 B3:H23 单元格，在【开始】选项卡中单击【对齐方式】组中的【居中】按钮，如图 4-23 所示。

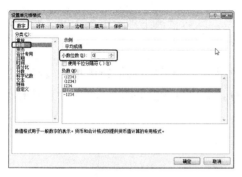

	D	E	F	G	H
2				日期：6月20日	
3	语文	数学	英语	平均成绩	总成绩
4	95	99	86	93.33333333	
5	95	85	98	92.66666667	
6	65	65	87	72.33333333	
7	52	78	56	62	
8	84	92	69	81.66666667	
9	69	78	48	65	
10	78	85	89	84	
11	85	67	94	82	
12	92	87	86	88.33333333	
13	84	88	79	83.66666667	
14	75	79	82	78.66666667	
15	86	89	86	87	
16	88	95	94	92.33333333	
17	98	78	95	90.33333333	
18	68	87	88	81	
19	70	88	98	85.33333333	
20	79	86	56	73.66666667	
21	69	89	87	81.66666667	
22	87	89	72	82.66666667	
23	78	99	56	77.66666667	

图 4-20　求出平均成绩

	C	D	E	F	G	H
2					日期：6月20日	
3	姓名	语文	数学	英语	平均成绩	总成绩
4	王刚	95	99	86	93.33333333	280
5	李敏	95	85	98	92.66666667	278
6	张鹏	65	65	87	72.33333333	217
7	朱元友	52	78	56	62	186
8	林鹏	84	92	69	81.66666667	245
9	王琳	69	78	48	65	195
10	王洁	78	85	89	84	252
11	陈友	85	67	94	82	246
12	陈鹏	92	87	86	88.33333333	265
13	高国	84	88	79	83.66666667	251
14	李鹏宇	75	79	82	78.66666667	236
15	张坤	86	89	86	87	261
16	孙聪	88	95	94	92.33333333	277
17	姜凤	98	78	95	90.33333333	271
18	张德勋	68	87	88	81	243
19	李少龙	70	88	98	85.33333333	256
20	白鸽	79	86	56	73.66666667	221
21	陈好	69	89	87	81.66666667	245
22	王琳	87	89	72	82.66666667	248
23	王国刚	78	99	56	77.66666667	233

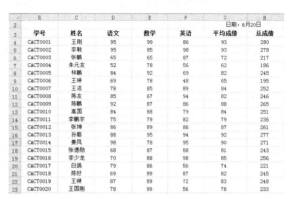

图 4-21　计算出总成绩

图 4-22　设置【小数位数】为 0

	B	C	D	E	F	G	H
2						日期：6月20日	
3	学号	姓名	语文	数学	英语	平均成绩	总成绩
4	CACT0001	王刚	95	99	86	93	280
5	CACT0002	李敏	95	85	98	93	278
6	CACT0003	张鹏	65	65	87	72	217
7	CACT0004	朱元友	52	78	56	62	186
8	CACT0005	林鹏	84	92	69	82	245
9	CACT0006	王琳	69	78	48	65	195
10	CACT0007	王洁	78	85	89	84	252
11	CACT0008	陈友	85	67	94	82	246
12	CACT0009	陈鹏	92	87	86	88	265
13	CACT0010	高国	84	88	79	84	251
14	CACT0011	李鹏宇	75	79	82	79	236
15	CACT0012	张坤	86	89	86	87	261
16	CACT0013	孙聪	88	95	94	92	277
17	CACT0014	姜凤	98	78	95	90	271
18	CACT0015	张德勋	68	87	88	81	243
19	CACT0016	李少龙	70	88	98	85	256
20	CACT0017	白鸽	79	86	56	74	221
21	CACT0018	陈好	69	89	87	82	245
22	CACT0019	王琳	87	89	72	83	248
23	CACT0020	王国刚	78	99	56	78	233

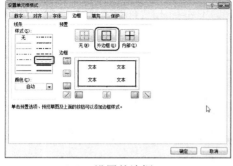

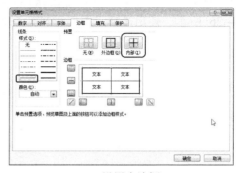

图 4-23　居中后的效果

(11) 继续选择 B3:H23 单元格，单击鼠标右键，在弹出的快捷菜单中选择【设置单元格格式】命令，弹出【设置单元格格式】对话框，切换到【边框】选项卡，在【线条】选项组的【样式】列表框中选择如图 4-24(a)所示的线条，单击【外边框】按钮。再继续选择【样式】列表框中的线条，单击【内部】按钮，如图 4-24(b)所示。

(a) 设置外边框

(b) 设置内边框

图 4-24　设置边框

(12) 设置完成后，单击【确定】按钮即可完成成绩表的制作。

4.4 编辑工作表

在 Excel 2010 中，用户可以根据需要随时插入、删除、移动或复制工作表，还可以为工作表命名以及隐藏工作表。

4.4.1 插入工作表

若工作簿中的工作表数量不够，用户可以在工作簿中插入工作表，并且不仅可以插入空白的工作表，还可以根据模板插入带有样式的新工作表。

插入工作表的方法如下。

(1) 单击工作表标签右侧的【插入工作表】按钮 ，工作表标签的末尾就会快速插入一个新的工作表。

提示：插入的新工作表的名称由 Excel 自动命名，默认情况下第一个插入的工作表为 Sheet4，以后依次是 Sheet5、Sheet6…

(2) 选择某一工作表标签，切换到【开始】选项卡，在【单元格】组中单击【插入】按钮，在弹出的下拉菜单中选择【插入工作表】命令，如图 4-25 所示，这样就会在选择的工作表标签前插入一个工作表。

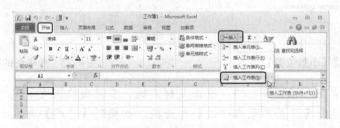

图 4-25 选择【插入工作表】命令

(3) 选择某一工作表标签，单击鼠标右键，在弹出的快捷菜单中选择【插入】命令，如图 4-26 所示。弹出【插入】对话框，在该对话框中插入已有的工作表模板，如图 4-27 所示。

图 4-26 选择【插入】命令　　　　图 4-27 【插入】对话框

提示：用户也可一次插入多个工作表。方法是：按住 Shift 键，然后在打开的工作簿中选择与要插入的工作表数目相同的现有工作表标签。例如，如果要添加 3 个新工作表，则选择 3 个现有工作表的工作表标签。单击【开始】选项卡的【单元格】组中的【插入】按钮右侧的下三角按钮，在打开的下拉菜单中选择【插入工作表】命令即可。

4.4.2　重命名工作表

每个工作表都有自己的名称，默认情况下以 Sheet1、Sheet2、Sheet3…命名工作表。这种命名方式不便于工作表的管理，用户可以对工作表进行重命名操作，以更好地管理工作表。重命名工作表的方法有以下几种。

1. 在工作表标签上直接重命名

(1) 双击要重命名的工作表标签 Sheet2，此时该标签以高亮显示，进入可编辑状态，如图 4-28 所示。

(2) 输入新的标签名，按 Enter 键即可完成对该工作表的重命名操作，如图 4-29 所示。

图 4-28　双击工作表标签　　　　图 4-29　输入工作表名为"工作表 1"

2. 使用快捷菜单重命名

(1) 在需要重命名的工作表标签上右击，在弹出的快捷菜单中选择【重命名】命令，如图 4-30 所示。

(2) 此时工作表以高亮显示，在标签上输入新的标签名，按 Enter 键即可完成工作表的重命名，如图 4-31 所示。

图 4-30　选择【重命名】命令　　　　图 4-31　输入新的工作表名

提示：Excel 2010 规定工作表的名称最多可以使用 31 个中英文字符。另外，还可以选择要重新命名的工作表标签，单击【开始】选项卡的【单元格】组中的【格式】按钮右侧的下三角按钮，在打开的下拉菜单中选择【重命名工作表】命令，来对工作表进行重命名。

4.4.3 移动、复制工作表

工作表可以在同一个 Excel 工作簿中或不同的 Excel 工作簿间进行移动或复制。移动和复制工作表的方法如下。

1. 拖动法

(1) 移动：选择需要移动的工作表标签，按住鼠标左键进行拖动，此时就可以将工作表标签移动到其他位置，如图 4-32 所示。

(a) 原状态   (b) 进行拖动   (c) 移动后的效果

图 4-32　移动工作表

(2) 复制：按住 Ctrl 键，用鼠标左键拖动工作表标签，就可以复制一个工作表，产生的新工作表内容与原工作表一样。

2. 通过快捷菜单

除了可使用拖动方法移动和复制工作表外，还可以使用快捷菜单进行操作。

(1) 用鼠标右键单击一个工作表的标签，在弹出的快捷菜单中选择【移动或复制】命令，如图 4-33 所示。

(2) 弹出【移动或复制工作表】对话框，如图 4-34 所示。在【工作簿】下拉列表框中选择将此工作表移动到哪一个工作簿中，然后在【下列选定工作表之前】列表框中选择移动到工作簿的具体位置。

图 4-33　选择【移动或复制】命令   图 4-34　【移动或复制工作表】对话框

(3) 单击【确定】按钮，即完成工作表的移动。
如果选中【建立副本】复选框，则以上的操作就变成了复制。

4.4.4 删除工作表

在实际操作过程中，有时需要将不用的工作表删除，删除工作表的方法如下。
(1) 切换到【开始】选项卡，单击【单元格】组中的【删除】按钮，在弹出的下拉菜单中选择【删除工作表】命令，如图 4-35 所示。

(2) 选择需要删除的工作表标签，然后单击鼠标右键，在弹出的快捷菜单中选择【删除】命令，如图 4-36 所示。

图 4-35　选择【删除工作表】命令　　　　图 4-36　选择【删除】命令

💡 **注意：** 对于不需要的工作表可以将其删除掉，但执行时一定要慎重，因为删除的工作表将被永久删除，且不能恢复。

4.4.5　显示、隐藏工作表

在 Excel 2010 中，用户可以将工作表隐藏起来，在需要时再把工作表显示出来。

1) 隐藏工作表

选择需要隐藏的工作表标签，单击鼠标右键，在弹出的快捷菜单中选择【隐藏】命令，如图 4-37 所示。

2) 取消隐藏工作表

在任意工作表标签上右击，在弹出的快捷菜单中选择【取消隐藏】命令，如图 4-38 所示。弹出【取消隐藏】对话框，在该对话框中选择需要取消隐藏的工作表，然后单击【确定】按钮，如图 4-39 所示。

图 4-37　选择【隐藏】命令　　图 4-38　选择【取消隐藏】命令　　图 4-39　【取消隐藏】对话框

4.4.6　保护工作簿和工作表

在实际操作过程中有时需要对工作簿和工作表进行保护，以防止其他人对其更改。

1. 保护工作表

保护工作表的操作方法如下。

(1) 选择需要保护的工作表，在【审阅】选项卡的【更改】组中单击【保护工作表】按钮，如图 4-40 所示。

(2) 弹出【保护工作表】对话框，在【取消工作表保护时使用的密码】文本框中输入密码，该密码用于设置者取消保护。

(3) 在【允许此工作表的所有用户进行】列表框中，选择允许他人能够更改的项目，如图 4-41 所示。

图 4-40　单击【保护工作表】按钮　　　　图 4-41　【保护工作表】对话框

(4) 设置完成后单击【确定】按钮，会弹出确认密码对话框，确认密码后，此时对工作表进行更改时会弹出如图 4-42 所示的提示对话框。

图 4-42　提示对话框

2. 保护工作簿

保护工作簿的方法如下。

(1) 切换到【审阅】选项卡，在【更改】组中单击【保护工作簿】按钮，如图 4-43 所示。

(2) 弹出【保护结构和窗口】对话框，在【保护工作簿】选项组中可以选中【结构】或【窗口】复选框。

(3) 在【密码】文本框中可以设置密码，也可以不设置密码，如图 4-44 所示。

图 4-43　单击【保护工作簿】按钮　　　　图 4-44　【保护结构和窗口】对话框

4.4.7　窗口的拆分和冻结

在编辑工作表时，有的工作表由于内容过宽或过长，使当前窗口不能全部显示其内容。尽管可以使用滚动条来滚动显示，但往往因标题被滚动，常常无法明确地看到某些单元格所代表的具体含义。利用 Excel 2010 提供的拆分窗口与冻结窗口功能，可以解决这个问题。

1. 拆分窗口

一个工作表窗口可以拆分为 4 个窗口。切换到【视图】选项卡，单击【窗口】组中的【拆分】按钮，即可将一个窗口拆分成为 4 个窗口，如图 4-45 所示。

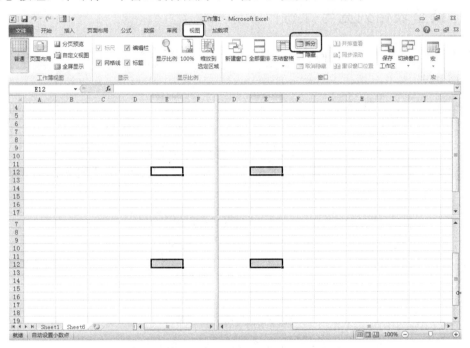

图 4-45　拆分窗口后的工作表

提示：可以通过鼠标随时移动工作表上出现的拆分框并拖动，以调整窗格的大小。此外，在 Excel 2010 工作簿窗口中设有两个拆分框，它们分别位于垂直滚动条顶端和水平滚动条右端，其形状是一个小长方条，使用鼠标指针拖动它们也可实现窗口的拆分。

2. 取消拆分

取消拆分窗口的方法：单击【视图】选项卡的【窗口】组中的【拆分】按钮，即可取消拆分的窗口。

3. 冻结窗口

当工作表较大时，无法再向下或向右滚动浏览，但用户又要始终显示固定的行与列，便可采用冻结窗口的方法。冻结行与列的方法是选定相邻的行或列，切换到【视图】选项

计算机应用基础(Windows 7+Office 2010)

卡，单击【窗口】组中的【冻结窗格】按钮，在其下拉菜单中选择【冻结拆分窗格】、【冻结首行】和【冻结首列】命令即可。

4.5 工作表的格式化

Excel 2010 为工作簿的格式化提供了方便的操作方法和多项设置功能，用户可以根据需要对工作表进行美化。美化工作簿是用户依据个人喜好或某种要求对工作簿及单元格数据进行不同的格式设置，以达到布局合理、结构清晰、色彩明快、美观大方的目的。设置工作簿及单元格的格式不会改变数据的值，只影响数据的外观。

4.5.1 调整表格列宽与行高

常用的调整表格列宽与行高的方法有两种，下面将对其进行详细介绍。

1. 拖动法

在操作过程中如果对行高或列宽的尺寸没有精确要求，用户可以使用拖动方法来设置。

(1) 将鼠标指针放在行号(列号)按钮之间，使指针形状由 ✛ 变成 ✛。

(2) 拖动行(列)，达到自己满意的效果为止。拖动时会显示行高或列宽的值，如图 4-46 所示。

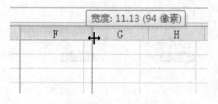

图 4-46 拖动调整列宽

提示：　"拖动法"也可以同时设置多行(列)的行高(列宽)。操作方法是首先选中多行(列)，然后按照以上介绍的方法操作。

2. 利用菜单栏命令

(1) 选择某一行或列单元格，切换到【开始】选项卡，在【单元格】组中单击【格式】按钮，在其下拉菜单中选择【行高】或【列宽】命令，如图 4-47 所示。

(2) 此时会弹出【行高】或【列宽】对话框，在对话框中输入合适的数值，单击【确定】按钮，如图 4-48、图 4-49 所示。

提示：　在【格式】下拉菜单中，除了【行高】、【列宽】命令外，还有【自动调整行高】、【自动调整列宽】命令。选择这两个命令，Excel 会自动设置它认为最合适的行高和列宽。

图 4-47　选择【行高】或【列宽】命令　图 4-48　【行高】对话框　图 4-49　【列宽】对话框

4.5.2　设置字体格式

默认情况下，在 Excel 2010 表格中的字体格式是黑色、宋体、11 号，如果用户对此字体格式不满意，可以更改。修改字体格式一般通过以下两种方法。

(1) 选择某个单元格，在【开始】选项卡的【字体】组中可以对字体格式进行设置，如图 4-50 所示。

(2) 单击【字体】组中的对话框启动器按钮，弹出【设置单元格格式】对话框，在【字体】选项卡中可以对字体的格式进行设置，如图 4-51 所示。

图 4-50　【字体】组

图 4-51　【字体】选项卡

4.5.3　设置对齐方式

在默认情况下，单元格的文本是左对齐，数字是右对齐。与 Word 中设置表格的要求一样，单元格数据对齐的方式分为水平对齐和垂直对齐两种。水平对齐可以通过【开始】选项卡上的 ≡ ≡ ≡ 按钮来设置，而垂直对齐则必须通过【设置单元格格式】对话框来设置，如图 4-52 所示。

设置不同的垂直、水平对齐方式，其效果也不相同，如图 4-53 所示。

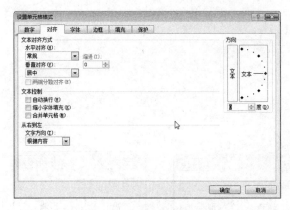

图 4-52　【对齐】选项卡

图 4-53　不同的对齐方式

在【对齐】选项卡中的选项说明如下。

1)　水平对齐
- 靠左(缩进)：将文本与指定单元格的左边界对齐。
- 居中：将文本在指定单元格中水平居中显示。
- 靠右(缩进)：将文本与指定单元格的右边界对齐。
- 填充：使文本重复地将单元格填满。
- 两端对齐：将文本在指定单元格中按照水平方向两边对齐。
- 跨列居中：当同时选择多个单元格时，使用该对齐方式，系统会将位于同一行的多个单元格看作是一个大单元格，没有了列的限制，使这些单元格中的内容居中显示在大单元格中。
- 分散对齐(缩进)：将文本在指定单元格中按照水平方向靠左右两边对齐。

2)　垂直对齐
- 靠上：将文本与指定的单元格上边界对齐。
- 居中：将文本在指定的单元格中垂直居中显示。
- 靠下：将文本与指定的单元格下边界对齐。
- 两端对齐：将文本在指定单元格中按照垂直方向两边对齐。
- 分散对齐：将文本在指定单元格中按垂直方向两边上下对齐。

3)　文本控制
- 自动换行：在单元格中输入文本时自动换行。
- 缩小字体填充：将字体缩小以填充单元格。
- 合并单元格：把几个单元格合并成一个单元格。

4.5.4　自动套用系统默认格式

为了提高用户的工作效率，Excel 2010 提供了多种专业表格样式供用户选择，用户可以通过套用这些表格样式对整个工作表的多重格式同时设置。使用【套用表格格式】按钮设置单元格区域格式的操作步骤如下。

(1)　选择工作表所在的单元格区域。

(2) 在【开始】选项卡中单击【样式】组中的【套用表格格式】按钮，打开表样式列表，如图 4-54 所示，用户可从中选择一种样式。

(3) 当套用了表样式后，出现特定的【表格工具】-【设计】选项卡，如图 4-55 所示，利用该选项卡可以对套用后的表格进行一些设置，如命名表名称、调整表格大小、修改表格样式等。

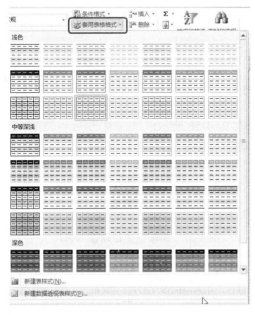

图 4-54　【套用表格格式】列表

图 4-55　【设计】选项卡

4.6　公式与函数

Excel 函数是一些已经定义好的公式，大多数函数经常是使用公式的简写形式。函数就是根据数据统计、处理和分析实际需要，事先在软件内定制的一段程序，然后以简单的形式面向用户，简化用户的操作过程，并采取后台运算的方法。公式和函数能够解决用户的一些复杂统计工作。

4.6.1　公式

Excel 2010 具有强大的计算功能，为用户分析和处理工作表中的数据提供了极大的方便。在公式中，可以对工作表数值进行加、减、乘、除等运算。只要输入正确的计算公式之后，就会立即在单元格中显示出计算结果。如果工作表中的数据有变动，系统会自动将变动后的答案算出来，使用户能够随时观察正确的结果。

1. 公式的格式

公式的格式为"=表达式"。

表达式由运算符(如+、-、*、/等)、常量、单元格地址、函数及括号组成。

请大家特别注意：

(1) 公式中表达式前面必须要有等号(=)；

(2) 公式中不能有空格。

2. 公式的输入

输入公式的方法有以下两种。

(1) 双击要产生结果的单元格，在光标处输入公式，如"=A1+B1"，按 Enter 键确认。

(2) 单击选中要产生结果的单元格，再单击数据编辑区，在光标处输入公式，按 Enter 键或单击编辑区左侧的输入按钮✓确认。

输入单元格地址时，可以手动输入单元格地址，也可以单击该单元格。例如要在 C1 单元格中输入"=A1 +B1"，操作步骤如下。

(1) 单击 C1 单元格，在其内输入"="，如图 4-56 所示。

(2) 单击 A1 单元格，这时编辑区中会自动输入 A1，如图 4-57 所示。

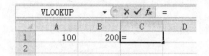 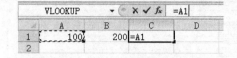

图 4-56　在 C1 单元格输入"="　　　　图 4-57　编辑区中自动输入 A1

(3) 在编辑区内输入"+"，如图 4-58 所示。

(4) 单击 B1 单元格，编辑区会自动输入 B1，如图 4-59 所示。最后按 Enter 键，即完成公式计算。

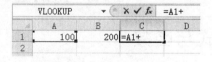 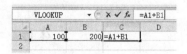

图 4-58　在编辑区输入"+"　　　　图 4-59　编辑区自动输入 B1

3. 公式中的运算符

运算符用于对公式中的元素进行特定类型的运算，分为文本连接运算符、算术运算符、比较运算符和引用运算符四类。

1) 文本连接运算符

文本连接运算符只有一个"&"，利用它可以将文本连接起来。例如：在单元格 D6 中输入"中国"，在 F6 中输入"人民"，在 D8 中输入公式"=D6&F6"，如图 4-60 所示，按 Enter 键确认，结果如图 4-61 所示。

图 4-60　输入公式　　　　图 4-61　运算结果

2)　算术运算符

算术运算符可以完成基本的数学运算，如加(+)、减(-)、乘(*)、除(/)、百分比(%)、乘方(^)，还可以连接数字并产生数字结果。

3)　比较运算符

比较运算符可以比较两个数值并产生逻辑值，如等号(=)、大于号(>)、小于号(<)、大于等于号(>=)、小于等于号(<=)、不等号(<>)，其值中包括 TRUE 和 FALSE 二者之一。

4)　引用运算符

引用运算符可以将单元格区域合并计算，包括冒号、逗号和空格。

(1)　冒号(:)：区域运算符，对两个引用之间，包括两个引用在内的所有单元格进行引用。例如 A1:D5 表示从单元格 A1 一直到单元格 D5 中的数据。

(2)　逗号(,)：联合运算符，将多个引用合并为一个引用，例如 SUM(A1:C3，F3)表示计算从单元格 A1 到单元格 C3 以及单元格 F3 中数据的总和。

(3)　空格：交叉运算符，几个单元格区域所共有的单元格，例如 B7:D7 和 C6:C8 共有单元格为 C7。

4.6.2　自动填充公式

与常量数据填充一样，使用填充柄也可以进行公式的自动填充。利用相对引用和绝对引用的不同特点，配合自动填充操作，可以快速地建立成批公式。

公式自动填充的具体操作步骤如下。

(1)　在 A1:D4 单元格中输入如图 4-62 所示的数据。

(2)　在单元格 D2 中输入公式"=SUM(A2:C2)"，单击编辑栏中的输入按钮✓，效果如图 4-63 所示。

图 4-62　输入数据　　　　　　　　图 4-63　计算结果

(3)　向下拖动单元格 D2 的填充柄，即可将单元格 D2 中的公式自动填充到单元格 D3 到 D4 中，结果如图 4-64 所示。

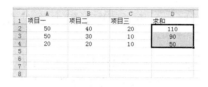

图 4-64　自动填充公式

4.6.3　函数

通俗地讲，函数就是常用公式的简化形式。如上面的介绍中，我们求 A1、B1、C1 单元格的和，公式为"=A1+B1+C1"。如果使用函数，就可以表示为"=SUM(A1,B1,C1)"或"=SUM(A1: C1)"。其中"SUM()"就是一个求和的函数。

1. 函数的格式

函数的格式一般为"函数名(参数 1,参数 2…)"，例如上面提示的内容，函数名为SUM，参数为(A1,B1,C1)或(A1: C1)。

在使用函数时应注意以下几点。

(1) 函数必须有函数名，如 SUM、AVERAGE。

(2) 函数名后面必须有一对括号。

(3) 参数可以是数值、单元格引用、文字、其他函数的计算结果。

(4) 各参数之间用逗号分隔。

(5) 参数可以有，也可以没有；可以有一个，也可以有多个。

2. 常用的函数

常用函数如表 4-1 所示。

表 4-1　常用函数

函数形式	功能说明
SUM(A1,A2…)	求参数的和
AVERAGE(A1,A2…)	求参数的平均值
MAX(A1,A2…)	求参数的最大值
MIN(A1,A2…)	求参数的最小值
COUNT(A1,A2…)	求各参数中数值型数据的个数
ABS(A1)	求参数的绝对值

4.6.4　插入函数

由于 Excel 2010 提供了大量的函数且有许多函数不经常使用，用户很难记住它们的参数。我们可以利用【插入函数】按钮，按照提示逐步选择需要的函数及其相应的参数。具体操作步骤如下。

(1) 在要插入函数的单元格中单击鼠标。

(2) 切换到【公式】选项卡，在【函数库】组中单击【插入函数】按钮，如图 4-65所示。

(3) 弹出【插入函数】对话框，在【或选择类别】下拉列表框中选择一种函数类别，或在【搜索函数】文本框中输入函数的简单描述后单击【转到】按钮。

(4) 在【选择函数】列表框中选择所需的函数名称，单击【确定】按钮，如图 4-66 所示。

(5) 弹出【函数参数】对话框，在文本框中输入相应的参数，单击【确定】按钮即可，如图 4-67 所示。

图 4-65　单击【插入函数】按钮　　　图 4-66　【插入函数】对话框

图 4-67　输入相应的参数

【实例 4-2】提取身份证号中的出生日期

本例将讲解如何利用公式提取身份证号的日期、年龄和性别等。

(1) 新建空白文档，选择 B4:F11 单元格，将【填充颜色】设为深蓝，如图 4-68 所示。

(2) 选择 C5:E5 单元格，切换到【开始】选项卡，单击【对齐方式】组中的【合并后居中】按钮，将其合并，在合并的单元格中输入"请输入身份证号码"，将【字体颜色】设为白色，并单击【加粗】按钮 **B**，如图 4-69 所示。

图 4-68　设置填充颜色

图 4-69　合并单元格并输入文字

(3) 选择 C7:E8 单元格进行合并居中，再选择合并后的单元格，在【开始】选项卡的【数字】组中单击【常规】右侧的下三角按钮，在其下拉列表中选择【文本】选项，如图 4-70 所示。

(4) 选择 C7:E8 单元格，单击鼠标右键，在弹出的快捷菜单中选择【设置单元格格式】命令，弹出【设置单元格格式】对话框，切换到【边框】选项卡，在【线条】选项组的【样式】列表框中选择如图 4-71 所示的线条，将【颜色】设为【茶色，背景 2，深色25%】，并单击【外边框】按钮。

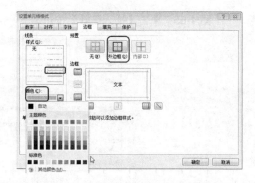

图 4-70　合并单元格并设置格式为文本　　　　图 4-71　设置 C7:E8 单元格的边框

(5) 在合并的单元格中输入"371526198907152056"，将字号设为 14，将字体颜色设为【白色】，如图 4-72 所示。

(6) 使用前面介绍的方法将 G 列的列宽设为 3.25，H、J 列设为 1.25，I 列设为 14，选择 H4:L11 单元格将【填充颜色】设为深蓝，并将 I5:I6、K5:L6、I7:I8、K7:L8、I9:I10、K9:L10 单元格进行合并居中，如图 4-73 所示。

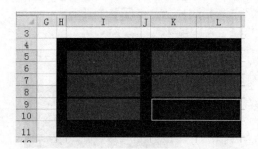

图 4-72　输入文字　　　　　　　　　　图 4-73　合并单元格

(7) 选择 I5:I10 单元格，打开【设置单元格格式】对话框，选择如图 4-74 所示的线条样式，将【颜色】设为【茶色，背景 2，深色 25%】，并单击【外边框】和【内部】按钮，如图 4-74 所示。

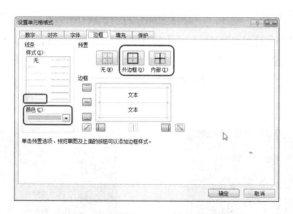

图 4-74 设置 I5:I10 单元格边框

(8) 选择 K5:L10 单元格，打开【设置单元格格式】对话框，在【边框】选项卡中选择如图 4-75 所示的线条，将【颜色】设为【茶色，背景 2，深色 25%】，并单击【确定】按钮。

(9) 选择 I5:L10 单元格，将【字体颜色】设为白色，并输入文字，如图 4-76 所示。

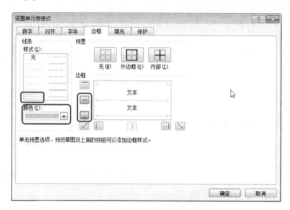

图 4-75 设置 K5:L10 单元格的边框

图 4-76 输入文字

(10) 在 K5:L6 单元格中输入 "=IF(LEN(C7)=15,DATE(MID(C7,7,2),MID(C7,9,2),MID(C7,11,2)),IF(LEN(C7)=18,DATE(MID(C7,7,4),MID(C7,11,2),MID(C7,13,2)),"号码有错"))"，按 Enter 键，如图 4-77 所示。

图 4-77 输入公式

(11) 选择 K5:L6 单元格，单击【常规】按钮右侧的 按钮，在其下拉列表中选择【长日期】选项，效果如图 4-78 所示。

(12) 在 K7:L8 单元格中输入 "=IF(LEN(C7)=15,IF(MOD(VALUE(RIGHT(C7,3)),2)=0, "女","男"),IF(LEN(C7)=18,IF(MOD(VALUE(MID(C7,15,3)),2)=0,"女","男"),"身份证错"))"；在 K9:L10 单元格中输入 "=IF(LEN(C7)=15,YEAR(NOW())-1900-VALUE(MID(C7,7,2)), IF(LEN(C7)=18,YEAR(NOW())-VALUE(MID(C7,7,4)),"身份证错"))"，完成后的效果如图 4-79 所示。

图 4-78　选择【长日期】选项后的效果

图 4-79　输入公式后的完成效果

4.7　图　表

图表是 Excel 重要的组成部分，通过为数据创建图表可以更直观地表示出数据之间的关系。图表与数据是相互联系的，当工作表中的数据发生变化时，图表也会相应地发生变化。本章将对图表的创建、编辑及美化等内容进行详细讲解。

4.7.1　创建图表

创建图表的方法有多种，下面介绍常用的两种方法。

1. 使用快捷键创建图表

(1) 在单元格中输入数据，选择用于创建图表的数据或单击要创建图表的数据列表中的任意一个单元格。如图 4-80 所示为选择要创建图表的数据。

(2) 按 F11 键，即可创建一个默认的簇状柱形图图表。使用该方法创建的图表为工作表图表，如图 4-81 所示。

图 4-80　选择用于创建图表的数据

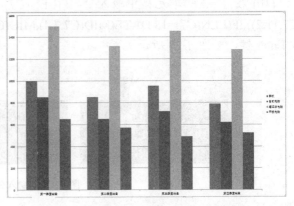

图 4-81　创建的工作表图表

提示：基于默认图表类型迅速创建图表时，按 Alt+F1 组合键，则创建的图表显示为嵌入图表。如果按 F11 键，则创建的图表显示在单独的图表工作表上。

2. 使用功能区创建图表

(1) 选择用于创建图表的数据或单击要创建图表的数据列表中的任意一个单元格。

(2) 在功能区中切换到【插入】选项卡，在【图表】组中单击需要创建的图表类型按钮。如单击【折线图】按钮，在弹出的下拉列表中选择一种图表类型，如图 4-82 所示。

(3) 在选择的图表类型上单击鼠标左键，即可在工作表中插入一张图表，插入后的效果如图 4-83 所示。

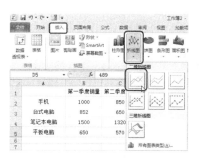

图 4-82　选择图表类型

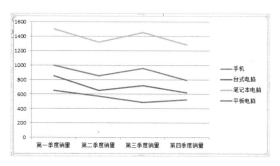

图 4-83　创建的折线图图表

4.7.2　编辑图表

图表创建好以后，显示的效果也许并不理想，此时就需要对图表进行适当的编辑。例如修改图表类型、移动或删除图表的组成元素等。

选中图表后，会弹出【图表工具】-【设计】选项卡，如图 4-84 所示。利用【图表工具】-【设计】选项卡或在图表区域中单击右键，在弹出的快捷菜单中，可以对图表进行修改和编辑。

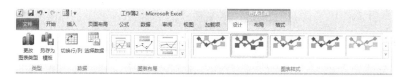

图 4-84　【设计】选项卡

1. 更改图表的布局和样式

1) 应用预定义图表布局

选择插入的图表，切换到【图表工具】-【设计】选项卡，在【图表布局】组中单击【其他】按钮，可以查看更多的预定义布局类型。选择任意图表布局即可，如图 4-85 所示。

2) 应用预定义图表样式

选择插入的图表，切换到【图表工具】-【设计】选项卡，在【图表样式】组中单击【其他】按钮，可以查看更多的预定义图表样式。选择一种图表样式即可，如图 4-86 所示。

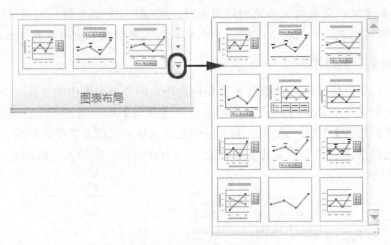

图 4-85　预定义布局类型

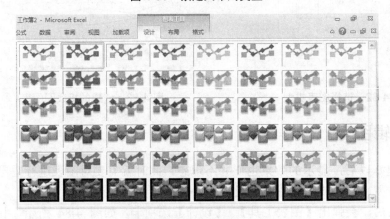

图 4-86　预定义图表样式

提示：　在选择图表样式时要考虑打印输出效果，当打印机不是彩色时，请慎用图表样式。

3)　手动更改图表元素布局

在图表中选择需要更改布局的图表元素，切换到【图表工具】-【布局】选项卡，可在【标签】、【坐标轴】、【背景】组中添加相应的图表元素，如图 4-87 所示。

图 4-87　【布局】选项卡

4)　手动更改图表元素的格式

选择更改样式的图表元素，切换到【图表工具】-【格式】选项卡，如图 4-88 所示，根据需要进行设置。

图 4-88 【格式】选项卡

(1) 设置形状样式：在【形状样式】组中单击需要的样式，也可以单击【形状填充】、【形状轮廓】、【形状效果】按钮，根据需求进行相应的设置。

(2) 设置艺术字效果：如果选择的是文本或数值，可以在【艺术字样式】组中选择相应的艺术字样式，也可以通过【文本填充】、【文本轮廓】、【文本效果】按钮对文字进行艺术效果的设置。

(3) 设置元素全部格式：在【当前所选内容】组中单击【设置所选内容格式】按钮，弹出【设置图表区格式】对话框，如图 4-89 所示，在该对话框中进行相应的设置。

2. 更改图表类型

更改图表类型的操作步骤如下。

(1) 单击要更改其类型的图表或图表中某一数据系列。

(2) 在【图表工具】-【设计】选项卡的【类型】组中单击【更改图表类型】按钮，弹出【更改图表类型】对话框，如图 4-90 所示。

图 4-89 【设置图表区格式】对话框　　　　**图 4-90 【更改图表类型】对话框**

(3) 选择新的图表类型后，单击【确定】按钮。

3. 添加数据标签

为了能够准确地观察图表中的数据系列，可以向图表的数据点添加数据标签。添加数据标签的操作步骤如下。

(1) 在图表中选择要添加数据标签的数据系列。如果单击图表区的空白位置，可以向所有数据系列添加数据标签。

(2) 在【图表工具】-【布局】选项卡的【标签】组中单击【数据标签】按钮，在其下拉菜单中选择相应的命令，如图 4-91 所示。

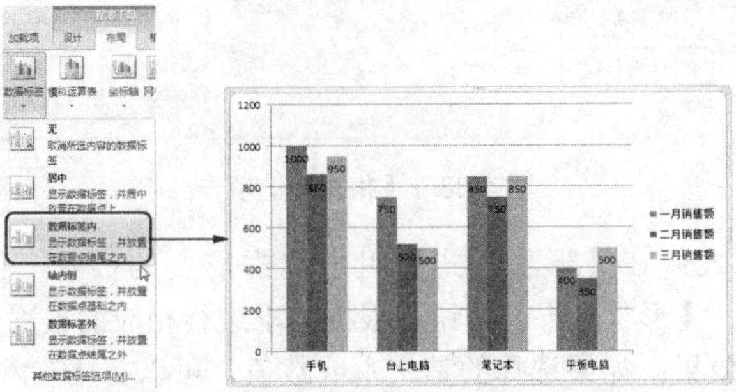

图 4-91　添加数据标签

提示： 选择的图表元素不同，添加的数据标签范围也不同，如果选择整个图表，数据标签就按那个应用到所有的数据系列。如果选定了单个数据点，则数据标签只应用于选定的数据系列上。

4. 修饰图表

用户可以对图表进行修饰，以更好地表现工作表。利用【图表工具】-【布局】选项卡对图表的网格线、图标背景墙、数据标签等进行编辑和设置。此外，用户还可以利用【图表工具】-【格式】选项卡修饰图表，设置图表的颜色、图案、线型、填充效果、边框、图片等。也可以对图表中的图表区、绘图区、坐标轴等进行设置。

1)　设置图表区格式

选中图表的图表区，单击右键，在弹出的快捷菜单中选择【设置图表区域格式】命令，弹出【设置图表区格式】对话框，如图 4-92 所示。在该对话框中可以对图表区域进行修饰。

2)　设置绘图区格式

在图表的绘图区右击，在弹出的快捷菜单中选择【设置绘图区格式】命令，在弹出的【设置绘图区格式】对话框中可以设置绘图区的填充、边框、三维格式等效果，如图 4-93 所示。

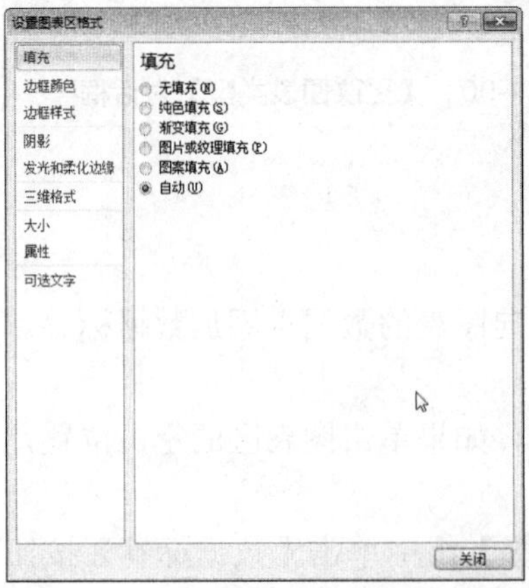

图 4-92　【设置图表区格式】对话框

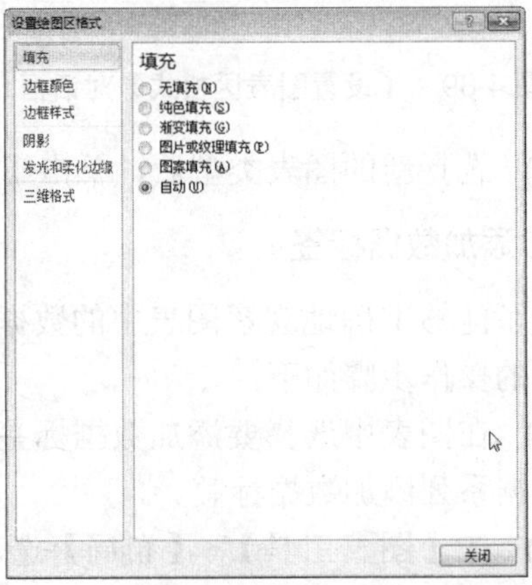

图 4-93　选择【设置绘图区格式】对话框

3)　设置坐标轴格式

在图表的绘图区的坐标轴上右击，在弹出的快捷菜单中选择【设置坐标轴格式】命令，打开【设置坐标轴格式】对话框，如图 4-94 所示。用户用在该对话框中设置坐标轴的填充、线型、数字、对齐方式等。

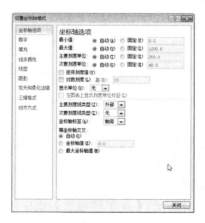

图 4-94　【设置坐标轴格式】对话框

4.8　数据管理与分析

利用 Excel 2010 可以对其数据进行组织、整理、排列、分析，本节将对其进行详细讲解。

4.8.1　数据清单

1. 数据清单概述

数据清单是包含一组相关数据的一系列工作表数据行，Excel 2010 允许采用数据库管理的方式管理数据清单。数据清单由标题行(表头)和数据部分组成。数据清单中的行相当于数据库中的记录，行标题相当于记录名；数据清单中的列相当于数据库中的字段，列标题相当于字段名，如图 4-95 所示。

电器第一季度销售情况

	一月销售额	二月销售额	三月销售额
手机	1000	860	950
台上电脑	750	520	500
笔记本	850	750	850
平板电脑	400	350	500

图 4-95　数据清单表

2. 使用记录单建立数据清单

建立数据清单时，可以采用建立工作表的方式，向行列中逐个输入数据，也可以使用记录单建立和编辑数据清单。记录单是数据清单的一种管理工具，利用记录单可以方便地在数据清单中输入、修改、删除和移动数据记录。

4.8.2　数据排序

Excel 2010 默认的排序是根据单元格中的数据进行排序的。在按升序排序时，Excel 2010 使用以下的规则排序。

- 数值从最小的负数到最大的正数排序。
- 文本按 A～Z 排序。
- 逻辑值 False 在前，True 在后。
- 空格排在最后。

1. 简单排序

简单排序一般是按一个条件进行排序，下面通过一个实例来对其进行介绍。

(1) 打开随书附带网络资源中的"CDROM\素材\第 4 章\成绩表.xlsx"文件，单击要排序的表格中的任意单元格，如图 4-96 所示。

(2) 切换到【数据】选项卡，在【排序和筛选】组中单击【排序】按钮，如图 4-97 所示。

图 4-96　选择 F3 单元格

图 4-97　单击【排序】按钮

(3) 弹出【排序】对话框，将【主要关键字】设为【总成绩】，将【排序依据】设为【数值】，将【次序】设为【降序】，如图 4-98 所示。

(4) 单击【确定】按钮，排序后的效果如图 4-99 所示。

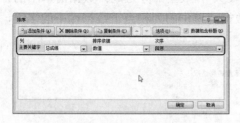

图 4-98　【排序】对话框

图 4-99　排序的结果

2. 高级排序

下面介绍较为复杂的排序方法，继续上面的操作，对于总成绩相同的则按语文成绩排列，具体操作方法如下。

(1) 继续上一节的操作，打开【排序】对话框，将【主要关键字】设为【总成绩】，将【排序依据】设为【数值】，将【次序】设为【降序】。

(2)　单击【添加条件】按钮，将【次要关键字】设为【语文】，将【排序依据】设为【数值】，将【次序】设为【降序】，如图 4-100 所示。

(3)　单击【确定】按钮，排序后的效果如图 4-101 所示。

图 4-100　设置添加条件

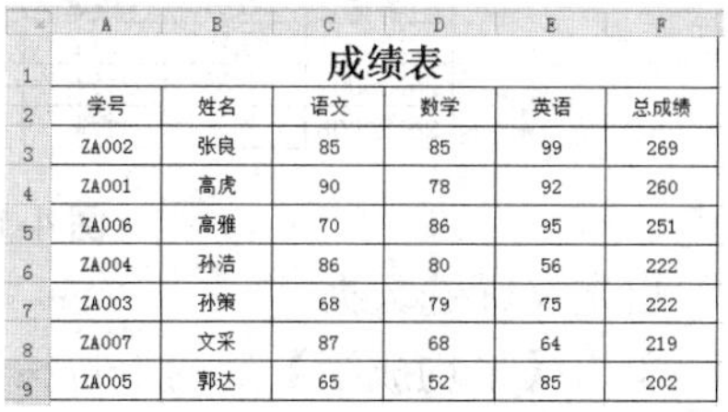

成绩表					
学号	姓名	语文	数学	英语	总成绩
ZA002	张良	85	85	99	269
ZA001	高虎	90	78	92	260
ZA006	高雅	70	86	95	251
ZA004	孙浩	86	80	56	222
ZA003	孙颖	88	79	75	222
ZA007	文采	87	68	64	219
ZA005	郭达	65	52	85	202

图 4-101　排序后的效果

4.8.3　数据筛选

在数据清单中，如果用户要查看一些特定数据，就需要对数据清单进行筛选。即从数据清单中选出符合条件的数据，将其显示在工作表中，而将那些不符合条件的数据隐藏起来。Excel 2010 有自动筛选器和高级筛选器两种，自动筛选器是筛选列表极其简便的方法，而高级筛选器则可规定很复杂的筛选条件。

1. 自动筛选

1)　自动筛选数据

(1)　打开随书附带网络资源中的"CDROM\素材\第 4 章\总成绩.xlsx"文件，在工作表文字区域任意单元格中单击。

(2)　在【数据】选项卡的【排序和筛选】组中单击【筛选】按钮。此时，工作表的标题行每个单元格会出现下拉按钮，单击【班级】的下拉按钮，出现下拉菜单，如图 4-102所示。

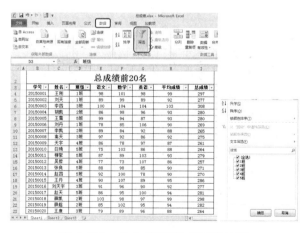

图 4-102　单击【班级】的下拉按钮

(3)　在【班级】的下拉菜单中选择【1 班】选项，筛选后的效果如图 4-103 所示。

(4)　再次单击【班级】后的下拉按钮，在其下拉菜单中选择【全选】，原来的数据又显示出来了。

学号	姓名	班级	语文	数学	英语	平均成绩	总成绩
20150001	王刚	1班	98	101	98	99	297
20150002	刘天	1班	89	99	89	92	277
20150006	刘丹	1班	78	85	106	90	269

总成绩前20名

图 4-103   自动筛选后的效果

2)   自定义筛选数据

(1)   单击【平均成绩】后的下拉按钮 ，在弹出的下拉菜单中选择【数字筛选】|【自定义筛选】命令，如图 4-104 所示。

(2)   弹出【自定义自动筛选方式】对话框，设置平均成绩为【大于或等于】，值设为90，如图 4-105 所示。

图 4-104   选择【自定义筛选】命令

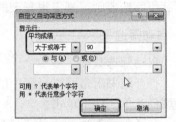

图 4-105   【自定义自动筛选方式】对话框

(3)   单击【确定】按钮，得到自定义筛选后的效果如图 4-106 所示。

总成绩前20名

学号	姓名	班级	语文	数学	英语	平均成绩	总成绩
20150001	王刚	1班	98	101	98	99	297
20150002	刘天	1班	89	99	89	92	277
20150003	李四	3班	100	104	104	103	308
20150004	胡凯	2班	86	98	96	93	280
20150005	王雪	5班	99	94	87	93	280
20150008	高天	3班	97	92	86	92	275
20150011	樟絮	5班	87	89	103	93	279
20150013	张良	5班	88	98	85	90	271
20150014	赵四	5班	92	100	78	90	270
20150015	王丹	4班	90	107	89	95	286
20150016	刘天宇	3班	91	96	90	92	277
20150017	赵天	5班	86	95	100	94	281
20150018	薛凯	2班	103	98	97	99	298
20150019	薛超	2班	85	102	95	94	282

图 4-106   自定义筛选后的效果

3)   取消筛选

取消筛选有以下两种方法。

(1)   切换到【数据】选项卡，在【排序和筛选】组中单击【清除】按钮。

(2)   切换到【数据】选项卡，在【排序和筛选】组中单击【筛选】按钮。

2. 高级筛选

通过构建复杂条件可以实现高级筛选。用于高级筛选的复杂条件中可以像在公式中那样使用下列运算符比较两个值：等号(=)、大于号(>)、小于号(<)、大于等于号(>=)、小于等于号(<=)、不等号(<>)。

1) 建立筛选条件

高级筛选要先建立一个筛选条件区域：在表格上方新建若干空白行，这是要输入"筛选条件"的地方。在条件区域中输入"筛选条件"，格式要求如下。

(1) "筛选条件"的位置就是对应标题的上方。

(2) "筛选条件"由"对应的标题"(重写一遍)+"条件数据"构成。

如要以"学号"和"平均成绩"为条件筛选，"筛选条件"的形式如图 4-107 所示。

多个条件的"与""或"关系用以下方式实现。

● "与"关系的条件必须出现在同一行，如图 4-107 所示的筛选条件的排列形式。

● "或"关系的条件必须不在同一行，如图 4-108 所示。

图 4-107　筛选样式　　　　　　图 4-108　【或】关系的筛选形式

2) 高级筛选

根据上面设置的筛选条件"编号>20150010"与"平均成绩>90"，来进行讲解高级筛选。

(1) 按上面的介绍方法建立筛选条件。

(2) 单击工作表中任意单元格(注意：不要选中"条件区域"的单元格)，切换到【数据】选项卡，在【排序和筛选】组中单击【高级】按钮。弹出【高级筛选】对话框，如图 4-109 所示。这时"列表区域"已经设置好了，而工作表中被选中的区域被闪动的虚线框包围。

(3) 单击【条件区域】右侧的按钮(这时【高级筛选】对话框会折叠起来)，在工作表中用鼠标选定条件区域，如图 4-110 所示，单击【高级筛选】对话框右侧的按钮或按 Enter 键确认。

图 4-109　【高级筛选】对话框　　　　图 4-110　设置条件区域

(4) 返回到【高级筛选】对话框，单击【确定】按钮，效果如图 4-111 所示。

学号	姓名	班级	语文	数学	英语	平均成绩	总成绩
					平均成绩		
					>90		
总成绩前20名							
20150011	樟絮	5班	87	89	103	93	279
20150013	张良	5班	88	98	85	90	271
20150015	王丹	4班	90	107	89	95	286
20150016	刘天宇	3班	91	96	90	92	277
20150017	赵天	5班	86	95	100	94	281
20150018	薛凯	2班	103	98	97	99	298
20150019	薛超	2班	85	102	95	94	282

图 4-111　高级筛选后的效果

4.8.4　分类汇总和数据透视表

分类汇总是对数据清单中的数据进行分类，在分类的基础上对数据进行汇总。分类汇总是对数据进行分析和统计时常用的工具。使用分类汇总时，用户不需要创建公式，系统会自动创建公式，对数据清单中的字段进行求和、求平均和求最大值等函数计算，分类汇总的计算结果，将分级显示出来。这种显示方式可以将一些暂时不需要的数据隐藏起来，便于快速查看各类型数据的汇总和标题。

1. 分类汇总

分类汇总包括以下两种操作。

(1) 分类：将相同数据的记录分类集中。

(2) 汇总：对每个类别的指定数据进行计算，如求和、求平均值等。

在汇总之前，首先要将分类数据排序。这里需要对"班级"进行分类汇总。

(1) 切换到【数据】选项卡，在【分级显示】组中单击【分类汇总】按钮，弹出【分类汇总】对话框。

(2) 在【分类字段】下拉列表框中选择【班级】选项，为数据分类设置一个依据，这样与"班级"相同的数据都会分在一起。在【汇总方式】下拉列表框中选择【最大值】选项，这是选择汇总的计算方式，还可以选择求平均值、计数、求和等；在【选定汇总项】列表框中选择参与汇总计算的数据列，可以选择多个数据列进行计算，这里选择【总成绩】选项，如图 4-112 所示。

【分类汇总】对话框中其他选项的含义如下。

● 【替换当前分类汇总】：如果此前做过分类汇总的操作，此时取消选中该复选框，则原来的汇总结果还会保留。

● 【每组数据分页】：打印时，每类汇总数据为单独一页。

● 【汇总结果显示在数据下方】：汇总计算的结果放置在每个分类的下面。

● 【全部删除】：若要取消分类汇总的效果则单击此按钮。

(3) 单击【确定】按钮，完成分类汇总操作，具体效果如图 4-113 所示。

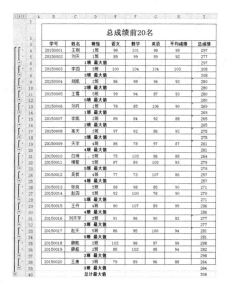

图 4-112　【分类汇总】对话框　　　　图 4-113　分类汇总效果

分类汇总表的左侧有一些陌生的按钮，这些按钮的功能如下。

（此处省略，见正文）

■：单击工作表树的■隐藏该部门的数据记录，只留下该部门的汇总信息，此时 ■ 变成■号；而单击■时，即可将隐藏的数据记录信息显示出来。

1 2 3：层次按钮，分别代表 3 个层次的显示效果。

● 单击 1 按钮，只显示全部数据的汇总结果，即总计。

● 单击 2 按钮，只显示每组数据的汇总结果，即小计。

● 单击 3 按钮，显示全部数据及全部汇总结果，即初始显示效果。

2．建立数据透视表

数据透视表是一种可以从源数据列表中快速提取并汇总大量数据的交互式表格。若要创建数据透视表，必须先创建其源数据。数据透视表是根据源数据列表生成的，源数据列表中每一列都成为汇总多行信息的数据透视表字段，列名称为数据透视表的字段名。

创建数据透视表的操作步骤如下。

(1) 打开随书附带网络资源中的"CDROM\素材\第 4 章\手机销售.xlsx"文件。

(2) 切换到【插入】选项卡，在【表格】组中单击【数据透视表】按钮，在其下拉菜单中选择【数据透视表】命令。

(3) 打开【创建数据透视表】对话框，如图 4-114 所示。在【选择一个表或区域】单选按钮下面的【表/区域】文本框中已经设置好了表格区域。如果没有设置好，或设置有误，可以对其进行修改。单击文本框右侧的 按钮，这时【创建数据透视表】对话框会折叠起来，利用鼠标选定区域，按 Enter 键确认，返回到【创建数

图 4-114　【创建数据透视表】对话框

据透视表】对话框。

(4) 在【选择放置数据透视表的位置】选项组中选中【现有工作表】单选按钮，并设置位置，单击【确定】按钮，如图 4-115 所示。

(5) 在窗口右侧弹出【数据透视表字段列表】任务窗格，拖动"柜台"到【行标签】区域，拖动"型号"到【列标签】区域。拖动"总销售额"到【数值】区域，如图 4-116 所示。

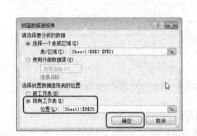 

图 4-115　选中【现有工作表】单选按钮并设置位置　　　　图 4-116　【数据透视表字段列表】任务窗格

(6) 关闭【数据透视表字段列表】任务窗格，在工作表中查看创建的透视表，如图 4-117 所示。

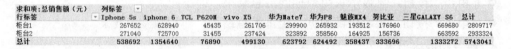

图 4-117　创建的透视表

4.9　小型案例实训

下面通过一个案例对本章所讲解的内容进行实践。

4.9.1　公司损益表

本例将讲解如何制作某公司的损益表，然后通过折线图进行展示，具体步骤如下。

(1) 创建一个新的工作簿，将第 1 行单元格的行高设为 36，第 4、11 行单元格的行高设为 25，将第 2～3 行、第 5～10 行、第 12～13 行单元格的行高设为 20，如图 4-118 所示。

(2) 将 B 列的列宽设为 20，将 C～G 列的列宽设为 15，如图 4-119 所示。

(3) 选择 B1:G1、B4:G4、B11:G11 单元格，切换到【开始】选项卡，单击【对齐方式】组中的【合并后居中】按钮，如图 4-120 所示。

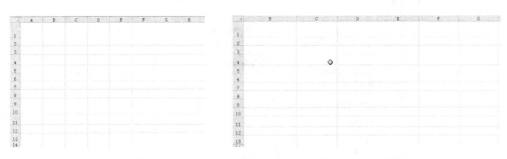

图 4-118　设置行高　　　　　　　　　　　图 4-119　设置列宽

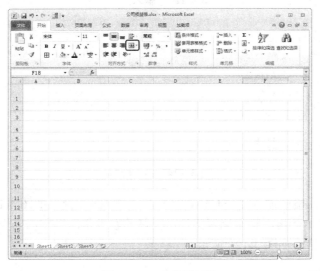

图 4-120　合并单元格

(4) 在 B1:G1 单元格中输入文字"公司损益表",将字体设为【宋体】,将字号设为 24,并单击【加粗】按钮 **B**,如图 4-121 所示。

(5) 在其他的单元格中输入文字,并单击【加粗】按钮 **B**,如图 4-122 所示。

图 4-121　输入表标题文字　　　　　　　　图 4-122　输入表格其他文字

(6) 在 B4:G4、B11:G11 单元格中输入文字,将字体设为【宋体】,字号设为 18,并单击【加粗】按钮 **B**,如图 4-123 所示。

(7) 在其他单元格中输入数字,如图 4-124 所示。

图 4-123　输入文字

图 4-124　输入数字

(8)　在 C10 单元格中输入"=SUM(C5:C9)",按 Enter 键,如图 4-125 所示。

(9)　选择 C10 单元格,将鼠标置于该单元格的右下角,当鼠标变为✚时,按住鼠标左键拖动至 G10 单元格,如图 4-126 所示。

图 4-125　在 C10 中输入公式

图 4-126　自动填充公式

(10) 在 C12 单元格中输入"=C3-C10",并向右自动填充到 G12 单元格,如图 4-127 所示。

图 4-127　在 C12 中输入公式并填充公式

(11) 在 D13 单元格中输入“=D12+C13”，按 Enter 键，并向右自动填充到 G13 单元格，如图 4-128 所示。

(12) 选择 B1:G13 单元格，将【对齐方式】设为【居中对齐】，将【填充颜色】设为【橄榄色，强调文字颜色 3，淡色 60%】，如图 4-129 所示。

D13　=D12+C13

	B	C	D	E	F	G
10	合计（元）	69000	54500	97500	70500	291500
11			损益			
12	季损益（元）	281000	245500	182500	179500	888500
13	年度损益（元）	19200	264700	447200	626700	1515200

图 4-128　在 D13 中输入公式并填充公式

公司损益表

时间	第一季度	第二季度	第三季度	第四季度	总计
销售收入（元）	350000	300000	280000	250000	1180000
		成本支出			
工资费用（元）	30000	25000	40000	25000	120000
利息费用（元）	15000	10000	18000	12000	55000
房屋费用（元）	8000	8000	8000	8000	32000
广告费用（元）	9000	6000	25000	20000	60000
购货支出（元）	7000	5500	6500	5500	24500
合计（元）	69000	54500	97500	70500	291500
		损益			
季损益（元）	281000	245500	182500	179500	888500
年度损益（元）	19200	264700	447200	626700	1515200

图 4-129　设置对齐方式并填充颜色

(13) 选择 B2:G13 单元格区域，在【字体】组中单击边框按钮，在其下拉菜单中选择【所有框线】命令，效果如图 4-130 所示。

公司损益表

时间	第一季度	第二季度	第三季度	第四季度	总计
销售收入（元）	350000	300000	280000	250000	1180000
		成本支出			
工资费用（元）	30000	25000	40000	25000	120000
利息费用（元）	15000	10000	18000	12000	55000
房屋费用（元）	8000	8000	8000	8000	32000
广告费用（元）	9000	6000	25000	20000	60000
购货支出（元）	7000	5500	6500	5500	24500
合计（元）	69000	54500	97500	70500	291500
		损益			
季损益（元）	281000	245500	182500	179500	888500
年度损益（元）	19200	264700	447200	626700	1515200

图 4-130　设置边框

(14) 切换到【插入】选项卡，在【图表】组中单击【插入折线】按钮，在弹出的下拉菜单中选择【折线图】命令。

(15) 切换到【图表工具】【设计】选项卡，在【数据】组中单击【选择数据】按钮，在弹出的【选择数据源】对话框中单击【图表数据区域】文本框右侧的按钮。然后选择 B3:F3 单元格中的内容，然后再次单击按钮，如图 4-131 所示。

(16) 单击【添加】按钮，在弹出的【编辑数据系列】对话框中设置【系列名称】为“支出合计”，再设置【系列值】，然后再次单击按钮，选择 C10:F10 单元格中的数据。选择完成后的【编辑数据系列】对话框如图 4-132 所示。

(17) 再次单击【添加】按钮，在弹出的【编辑数据系列】对话框中设置【系列名称】为“季损益”，设置【系列值】，然后再次单击按钮，选择 C12:F12 单元格中的数据。

选择完成后的【编辑数据系列】对话框如图 4-133 所示。

图 4-131　设置图表数据区域

图 4-132　添加支出合计　　　图 4-133　添加季损益

(18) 选择【水平(分类)轴标签】，然后单击【编辑】按钮。在弹出的【轴标签】对话框中单击▦按钮，选择数据中的 C2:F2 中的数据，如图 4-134 所示。

(19) 单击▦按钮，返回到【选择数据源】对话框，设置后单击【确定】按钮，如图 4-135 所示。

图 4-134　设置轴标签　　　　　图 4-135　【选择数据源】对话框

(20) 选择创建的折线图，切换到【图表工具】-【设计】选项卡，在【图表布局】组中单击【快速布局】按钮，在弹出的下拉列表中选择【布局 5】选项，如图 4-136 所示。

(21) 在场景中对折线图的图表标题和坐标轴标题进行更改，完成后的效果如图 4-137 所示。

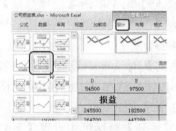　　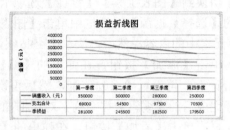

图 4-136　选择【布局 5】选项　　　图 4-137　更改折线图

4.9.2 企业资产结构分析图表

本例将讲解企业资产结构分析图表的制作方法，具体操作步骤如下。

(1) 新建空白工作簿，将 B~D 列单元格的列宽设置为 15，将第 2 行的行高设置为 35，将第 3~8 行的行高设置为 20，如图 4-138 所示。

(2) 选择 B2:D2 单元格，在【开始】选项卡中单击【对齐方式】组中的【合并后居中】按钮，然后在合并后的单元格中输入文字，将【字号】设置为 18，并单击【加粗】按钮，如图 4-139 所示。

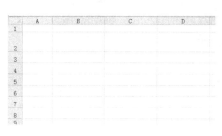

图 4-138 设置行高和列宽

图 4-139 设置文字格式

(3) 分别选择 B3:C3、B4:C4、B5:B8 单元格区域，将单元格进行合并居中，在单元格中输入文字，并将输入文字居中对齐，如图 4-140 所示。

(4) 选择 D 列单元格，在【开始】选项卡的【数字】组中将数字格式设为【货币】。选择 B3:D8 单元格，在【开始】选项卡的【字体】组中单击【下框线】右侧的下拉按钮，在其下拉菜单中选择【所有框选】命令，完成后的效果如图 4-141 所示。

图 4-140 输入文字并设置格式

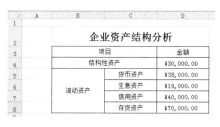

图 4-141 设置边框

(5) 选择 B4:D8 单元格，在【插入】选项卡中单击【图表】组中的【饼图】按钮，在弹出的下拉菜单中选择【复合饼图】命令，如图 4-142 所示。

(6) 再选择饼图，切换到【图表工具】-【布局】选项卡，在【标签】组中单击【数据标签】按钮，在其下拉菜单中选择【数据标签内】命令，如图 4-143 所示。

(7) 选择饼图，单击鼠标右键，在弹出的快捷菜单中选择【设置数据系列格式】命令，弹出【设置数据系列格式】对话框，在【系列选项】设置界面中将【第二绘图区包含最后一个】设为 4，如图 4-144 所示。

(8) 设置完成后的效果如图 4-145 所示。

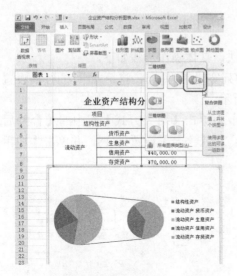

图 4-142　插入饼图

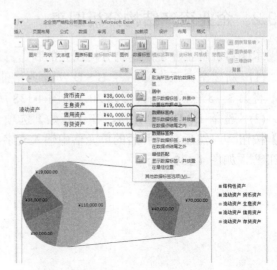

图 4-143　选择【数据标签内】命令

图 4-144　【设置数据系列格式】对话框

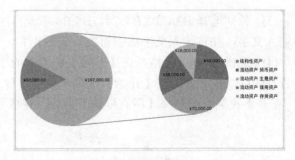

图 4-145　设置完成后的效果

4.10　本 章 小 结

Excel 2010 作为一款功能强大的电子表格软件，正被越来越多的人应用到学习、生活和工作的各个领域。利用 Excel 2010 不仅能创建美观的表格，而且还能利用函数公式创建高性能的电子表格。本章重点讲解了电子表格制作软件 Excel 2010 的操作方法，主要分为五部分进行讲解。

第一部分主要讲解了 Excel 2010 基础知识，包括启动 Excel 2010、工作界面的介绍，以及工作簿与工作表的区别。

第二部分重点介绍工作表和工作簿的知识点，包括工作簿的管理、编辑单元格和工作表、工作表格式属性的设置等，该部分为重点内容。

第三部分重点介绍了公式与函数的应用，Excel 2010 提供了丰富而强大的函数功能，需重点掌握公式和函数的应用。

第四部分重点介绍了图表的应用，利用图表可以对数据进行直观分析。需重点掌握如何创建和编辑图表。

第五部分主要讲解了数据管理与分析，包括数据的排序和筛选内容。另外需重点掌握分类汇总和数据透视表。

习　　题

操作题

打开随书附带网络资源中的"CDROM\素材\第 4 章\销售记录表.xlsx"文件，完成以下操作后将其另存为销售记录表 OK.xlsx。操作过程中可以参考如图 4-146 所示销售记录表。

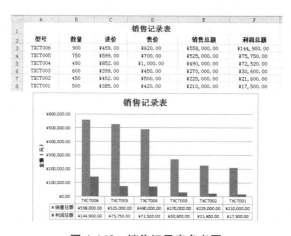

图 4-146　销售记录表参考图

(1) 将 A～F 列设置合适的列宽。

(2) 将 A1:F1 单元格进行合并，并设置合适的行高，字号设为 16，并加粗显示。

(3) 将 A2:F2 单元格设置合适的行高，字号设为 12，加粗并居中显示。

(4) 选择 C～F 列单元格，数字格式设为"货币"。

(5) 应用公式进行计算：销售总额=售价*数量，利润总额=(售价-进价)*数量。

(6) 将"利润总额"降序排列。

(7) 分别选择 A2:A8、E2:E8、F2:F8 单元格区域，插入柱形图。

(8) 将图表布局设为"布局 5"，并设置图表标题和坐标轴标题。

第 5 章

演示文稿软件 PowerPoint 2010

本章要点:

- PowerPoint 的基础知识。
- 制作演示文稿的技术要点。
- 设置演示文稿的外观。
- 演示文稿的多媒体功能。
- 播放演示文稿。

学习目标:

- 认识 PowerPoint 2010 软件的操作界面。
- 掌握幻灯片版式、背景、模版的设置方法。
- 掌握幻灯片动画的设置、切换和放映方法。
- 运用所学知识制作各类幻灯片文件。

5.1 PowerPoint 2010 概述

本节将对 PowerPoint 2010 的基础知识进行讲解,包括 PowerPoint 2010 的启动与退出、相关概念及不同视图的查看方式。

5.1.1 认识 PowerPoint 2010

PowerPoint 2010 是 Microsoft Office 2010 办公套装软件的一个重要组成部分,使用该软件可以很方便地创建演示文稿,该演示文稿包括提纲、发放给观众的材料及演讲注释,同时可以利用多媒体技术创建具有悦耳音响效果和图文并茂的演示文稿。通常,使用 PowerPoint 也能创建电子教案、专业简报等,因此 PowerPoint 深受广大教师、学生及各行各业人士的欢迎。

利用 PowerPoint 不仅可以创建演示文稿,还可以在互联网上召开面对面会议,远程会议或在 Web 上给观众展示演示文稿。它是企业用户用于展示形象和进行舆论宣传、演示的有力工具。

5.1.2 PowerPoint 2010 的启动与退出

1. 启动 PowerPoint 2010

启动 PowerPoint 2010 的方法有以下几种。

(1) 单击【开始】按钮 | Microsoft Office | Microsoft Office PowerPoint 2010 命令即可将其启动。

(2) 移动鼠标至桌面上的 Microsoft PowerPoint 2010 快捷方式图标上 ,双击鼠标左键,即可启动 Microsoft PowerPoint 2010 程序。

(3) 双击文件夹中的 PowerPoint 演示文稿,启动该软件并打开演示稿。

提示：使用方法(1)和方法(2)系统将会自动生成一个名为"演示文稿 1"的空白演示文稿，如图 5-1 所示。方法(3)将打开以保存的演示稿。

图 5-1　新建空白演示文稿

2. 退出 PowerPoint 2010

退出应用程序的方法也是一样的，可采用如下 4 种方法中的一种。

(1)　按 Alt+F4 快捷键。

(2)　单击标题栏右端的【关闭】按钮 ![关闭按钮] 。

(3)　单击【文件】菜单，在弹出的界面中单击【关闭】。

(4)　右击快速访问工具栏，在出现的快捷菜单上，单击【关闭】按钮。

如果有未保存的文档，程序会提示用户保存文档，此时用户选择保存或不保存命令后才能关闭文档。

5.1.3　主窗口的组成

启动 PowerPoint 2010 后，会打开 PowerPoint 2010 的主窗口，与 Word、Excel 一样，PowerPoint 2010 的主窗口包括标题栏、选项卡和选项组等，如图 5-2 所示。

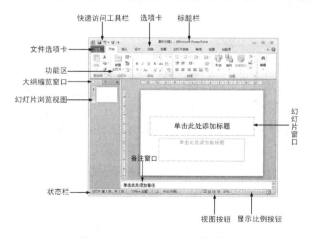

图 5-2　PowerPoint 工作窗口

在 PowerPoint 2010 工作区，每个演示文稿对应一个演示文稿窗口。一个演示文稿窗口显示的内容就是当前的幻灯片内容，如图 5-1 所示。

每个演示文稿窗口由以下几部分组成。

(1) 大纲窗格：显示一个演示文稿中所有幻灯片的标题，它是管理幻灯片的工具。

(2) 幻灯片窗格：显示当前幻灯片的全部内容。

(3) 备注窗格：可以在这里为当前的幻灯片添加备注信息(播放时不显示出来)。

(4) 视图按钮：通过单击不同的按钮，可以切换到其他视图模式。

5.1.4　视图方式

PowerPoint 2010 提供了普通视图、幻灯片浏览视图、幻灯片放映视图和备注页视图 4 种视图模式。除备注页视图外，其他 3 种视图都可以通过单击演示文稿窗口下方的视图切换按钮轻松实现切换，如图 5-3 所示。

在【视图】选项卡的【演示文稿视图】选项组中也提供了 4 个视图模式命令——普通视图、幻灯片浏览视图、备注页视图和阅读视图，如图 5-4 所示。通过单击这 4 个按钮也可以切换到相应视图。

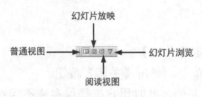

图 5-3　视图按钮　　　　　　　　　　图 5-4　【演示文稿视图】选项组

1. 普通视图

普通视图是 PowerPoint 默认的视图模式，在该视图模式下用户可方便地编辑和查看幻灯片的内容，添加备注内容等，如图 5-5 所示为普通视图。

图 5-5　普通视图

在普通视图下，窗口由三个窗口组成：左侧的【幻灯片/大纲】缩览窗口、右侧上方的【幻灯片】窗口和右下侧的备注窗口，所讲解和操作一般是在普通视图模式下操作。

2．幻灯片浏览视图

在幻灯片浏览视图中，幻灯片以缩略图方式显示，如图 5-6 所示。用户可以在屏幕上同时看到演示文稿中的所有幻灯片的缩略图。我们可以很容易地复制、添加、删除和移动幻灯片，但不能对单个幻灯片的内容进行编辑、修改。

图 5-6　幻灯片浏览视图

3．备注页视图

备注页视图与其他视图不同的是在显示幻灯片的同时在其下方显示备注页，用户可以输入或编辑备注页的内容。在该视图模式下，备注页上方显示的是当前幻灯片的内容缩览图，用户无法对幻灯片的内容进行编辑，下方的备注页为占位符，用户可以向占位符中输入内容，为幻灯片添加备注信息，如图 5-7 所示。

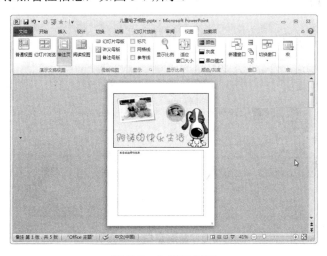

图 5-7　备注页视图

4．阅读视图

阅读视图是在计算机屏幕上像幻灯机那样动态地播放演示文稿中的幻灯片，是实际播放演示文稿的视图，如图 5-8 所示。

图 5-8　阅读视图

5.2　制作演示文稿

在学习制作演示文稿之前要先学会演示文稿的创建和保存。

5.2.1　新建演示文稿

新建演示文稿的主要方法有以下几种：新建空白演示文稿，根据模板和现有演示文稿创建。

1. 新建空白演示文稿

在 PowerPoint 2010 中选择【文件】|【新建】|【空白演示文稿】选项，并单击【创建】按钮，如图 5-9 所示。

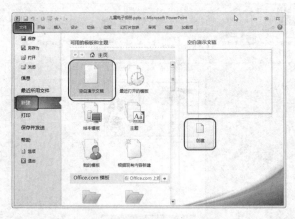

图 5-9　新建空白演示文稿

2. 根据样本模板创建

PowerPoint 2010 中为用户提供了 9 种模板，可以在【文件】|【新建】|【可用的模板和主题】列表框中选择【样本模板】选项，在弹出的【可用的模板和主题】列表框中选择一种模板即可，如图 5-10 所示。

图 5-10　根据样本模板创建

3. 根据我的模板创建

用户还可以使用自定义的模板来创建演示文稿，选择【文件】|【新建】|【可用的模板和主题】列表框中选择【我的模板】选项，在弹出的【新建演示文稿】对话框中选择模板文件，单击【确定】按钮即可，如图 5-11 所示。

图 5-11　根据我的模板创建

4. 使用 Office.com 模版创建

用户也可以利用 Office.com 中的模板来创建演示文稿。选择【文件】|【新建】命令，在【Office.com 模板】列表框中选择模板文件，再单击【下载】按钮即可，如图 5-12 所示。

图 5-12　使用 Office.com 模板创建

5.2.2　保存演示文稿

保存演示文稿可以使用以下方法。

(1)　选择【文件】选项卡下的【保存】或【另存为】命令。

(2)　单击快速访问工具栏中的【保存】按钮，进行保存。

5.3　幻灯片的基本操作

本节将重点介绍幻灯片的基本操作，包括插入、删除和移动幻灯片。

5.3.1　插入幻灯片

插入幻灯片的方法有以下几种。

(1)　在【开始】选项卡的【幻灯片】选项组中单击【新建幻灯片】按钮，在其下拉菜单中选择一种版式，如图 5-13 所示。

图 5-13　选择一种版式

(2)　在【幻灯片/大纲浏览】窗口中右击某幻灯片缩略图，在弹出的快捷菜单中选择【新建幻灯片】命令。

(3)　使用快捷键 Ctrl+M 组合键。

5.3.2　删除幻灯片

删除幻灯片的方法如下。

(1)　在【幻灯片/大纲浏览】窗口选择需要删除的幻灯片，单击鼠标右键，在弹出的快捷菜单中选择【删除幻灯片】命令。

(2)　选择需要删除的幻灯片，按 Delete 键将其删除。

5.3.3 复制、移动幻灯片

1. 复制幻灯片

复制幻灯片的方法如下。

(1) 选择需要复制的幻灯片，在【开始】选项卡的【幻灯片】选项组中单击【新建幻灯片】按钮，在其下拉菜单中选择【复制所选幻灯片】命令，如图 5-14 所示。

(2) 在【开始】选项卡的【剪贴板】选项组中单击【复制】按钮 。

(3) 在【幻灯片/大纲】窗口中单击需要复制的幻灯片，单击鼠标右键，在弹出快捷菜单中选择【复制幻灯片】命令。

2. 移动幻灯片

移动幻灯片的方法如下。

(1) 在【幻灯片/大纲】缩览图中选择要移动的幻灯片，按住鼠标左键拖动幻灯片到要移动的位置，此时会出现一条直线，释放鼠标将幻灯片移动到该位置，如图 5-15 所示。

图 5-14 选择【复制所选幻灯片】命令

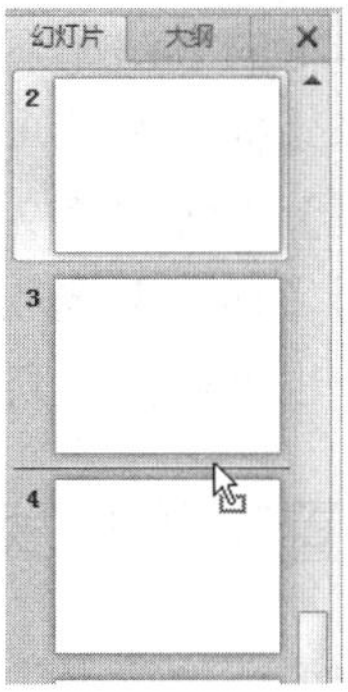

图 5-15 拖动移动幻灯片

(2) 利用 Ctrl+X 组合键进行剪切移动。

5.4 编辑演示文稿

PowerPoint 2010 为幻灯片提供了丰富的编辑信息功能，包括编辑文本、图片、图表、图形等。下面将对编辑演示文稿的方法进行详细讲解。

5.4.1 添加文字

1. 使用占位符

创建空白演示文稿后，在文档编辑区中会出现虚线方框，这些方框就是占位符，不同的模板会有不同位置的占位符，以确定幻灯片的版式，如图 5-16 所示为标题幻灯片下的占位符。

图 5-16　标题幻灯片下的占位符

2. 使用文本框

占位符作为一个特殊的文本框，其包含了预设的格式，出现在固定位置。除了使用占位符外，用户还可以在幻灯片的任意位置绘制文本框，并可以设置文本格式，展现用户需要的幻灯片布局。

插入文本框的方法如下。

(1) 选择【插入】选项卡，在【文本】组中单击【文本框】按钮，在其下拉列表选择【横排文本框】或【垂直文本框】选项。

(2) 选择【插入】选项卡，在【插图】组中单击【形状】按钮，在其下拉列表中选择文本框选项，也可以插入其他形状并输入文字。

5.4.2　设置字体格式

在文本框或占位符中输入文字后，有时需要对文字的格式进行设置。

1. 设置文本格式

选择【开始】选项卡，在【字体】或【段落】组中可以对文本的字体、字号、文字颜色进行设置，也可以设置文本段落的对齐方式，以及项目符号等，如图 5-17 所示。

图 5-17　设置文本格式

除了利用选项卡中的按钮设置字体格式外，也可以分别在【字体】或【段落】选项组中单击对话框启动器按钮，会弹出【字体】和【段落】对话框，也可以对字体和段落进行设置如图 5-18、图 5-19 所示。

图 5-18 【字体】对话框 　　　图 5-19 【段落】对话框

2. 设置文本框样式和格式

选择文本框，在功能区上方会出现【绘图工具】|【格式】选项卡，如图 5-20 所示。用户在这里可以设置文本框的形状样式、艺术字样式、排列文本框等。

图 5-20 【绘图工具】|【格式】选项卡

(1) 在【绘图工具】选项卡的【形状样式】选项组中单击对话框启动器按钮，会弹出【设置形状格式】对话框，如图 5-21 所示。用户可以对形状填充、线条颜色、阴影、效果等进行设置。

(2) 在【绘图工具】选项卡的【形状样式】选项组中单击对话框启动器按钮，弹出【设置文本效果格式】对话框，用户可以对插入的艺术字的演示、字体、阴影进行设置，如图 5-22 所示。

图 5-21 【设置形状格式】对话框 　　图 5-22 【设置文本效果格式】对话框

5.4.3 插入图片

在 PowerPoint 2010 中，图片已经成为美化幻灯片必不可少的元素，在幻灯片中插入图片可以更加清楚地表达主题的内容，从而达到直观的效果，本节将对插入图片进行介绍。

1. 插入计算机中的图片

在 PowerPoint 2010 中插入图片的方法有多种，下面将介绍如何插入来自计算机中的图片，其具体操作步骤如下。

(1) 将光标置入到要插入图片的幻灯片中，选择【插入】选项卡，在【图像】组中单击【图片】按钮，如图 5-23 所示。

(2) 弹出【插入图片】对话框，选择需要插入的素材图片，单击【插入】按钮。

图 5-23　单击【图片】按钮

如果在【插入图片】对话框中单击【插入】按钮右侧的下三角按钮▼，在其下拉列表中有三个选项分别是【插入】、【链接到文件】、【插入和链接】，有关其说明如下。

● 【插入】：选择该插入方式，图片将被插入到当前文档中，成为当前文档中的一部分。当保存文档时，插入的图片会随文档一起保存。以后当提供这个图片的文件发生变化时，文档中的图片不会自动更新。

● 【链接到文件】：选择该插入方式，图片以链接方式被当前文档所引用。这时，插入的图片仍然保存在原图片文件之中，当前文档只保存了这个图片文件所在的位置信息。以链接方式插入的图片不会影响在文档中查看并打印该图片。当提供这个图片的文件被改变后，被引用到该文档中的图片也会自动更新。

● 【插入和链接】：选择该插入方式，图片被复制到当前文档的同时，还建立了和原图片文件的链接关系。当保存文档时，插入的图片会随文档一起保存，当提供这个图片的文件发生变化后，文档中的图片会自动更新。

2. 插入剪贴画

插入剪贴画的操作步骤如下。

(1) 在【插入】选项卡的【图像】选项组中单击【剪贴画】按钮，如图 5-24 所示。

(2) 在文档窗口右侧会出现【剪贴画】对话框，在【搜索】文本框中可以搜索需要的剪贴画，如图 5-25 所示。

图 5-24　单击【剪贴画】按钮

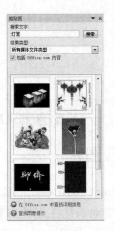

图 5-25　【剪贴画】对话框

(3) 选择列表中的图片并单击即可插入图片。

【实例 5-1】   制作交通规则条例

下面通过制作交通规则条例对本小节所讲解的内容进行实践。

(1) 新建空白演示文稿，单击【设计】|【页面设置】|【页面设置】按钮，弹出【页面设置】对话框，将【宽度】设为 33.86 厘米，将【高度】设为 19.05 厘米，单击【确定】按钮，如图 5-26 所示。

图 5-26   【页面设置】对话框

(2) 单击【开始】|【幻灯片】|【版式】按钮，在其下拉列表中选择【空白】选项将【版式】设为空白。

(3) 单击【设计】|【背景】|【背景样式】按钮，在弹出的下拉列表中选择【样式 11】选项，如图 5-27 所示。

(4) 选择【插入】|【文本框】|【横排文本框】命令，绘制横排文本框，并在文本框中输入"交通规则条例"，在【开始】选项卡的【字体】组中将字体设为【微软雅黑】，字号设为 44，【字体颜色】设为【白色】，【字符间距】设为【很松】，如图 5-28 所示。

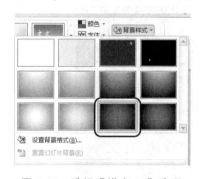 

图 5-27   选择【样式 11】选项   图 5-28   设置文字属性

(5) 插入文本框，打开随书附带网络资源中的 "CDROM\素材\第 5 章\交通规则条例.doc" 文件，选择前四段文字复制到文本框中，在【开始】选项卡的【字体】组中将字号修改为 18，并单击【文字阴影】按钮，如图 5-29 所示。

(6) 继续选择段落文本框，在【段落】组中单击【编号】右侧的下三角按钮，在弹出的下拉列表中选择【项目符号和编号】命令，弹出【项目符号和编号】对话框，选择【编号】选项卡，选择【象形编号，宽句号】，并将【颜色】设为黄色，单击【确定】按钮，如图 5-30 所示。

(7) 继续在【段落】组中单击【行距】按钮，在下拉列表中选择 1.5，如图 5-31 所示。

图 5-29 设置文本属性

图 5-30 设置项目符号

图 5-31 设置行距

(8) 继续插入文本框，将剩余的交通规则条例复制到文本框中，设置与第二个文本框相同的属性，然后打开【项目和符号】对话框，选择【编号】选项卡，选择【象形编号，宽句号】编号，将【起始编号】设为 6，颜色设为黄色，单击【确定】按钮，完成后的效果如图 5-32 所示。

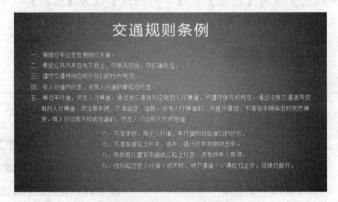

图 5-32 设置后的效果

(9) 单击【插入】|【图像】|【图片】按钮，弹出【插入图片】对话框，选择素材文件夹中的 013.png 图片，单击【插入】按钮，在【图片工具】|【格式】选项卡的【大小】选项组中将【形状高度】设为 8.1 厘米，【形状宽度】设为 5.93 厘米，如图 5-33 所示。

(10) 单击【插入】|【图像】|【剪贴画】按钮，在窗口的右侧弹出【剪贴画】任务窗格，在文本框中输入"交通"，进行搜索，选择合适的剪贴画(这里可以自行选择)，单击将其插入到幻灯片中，如图 5-34 所示。

(11) 对插入的剪贴画适当调整大小，选择【图片工具】|【格式】选项卡，在【调整】组中单击【颜色】按钮，在其下拉列表中选择【设置透明色】选项，如图 5-35 所示。

(12) 在剪贴画的白色部分单击，将其设为透明，如图 5-36 所示。

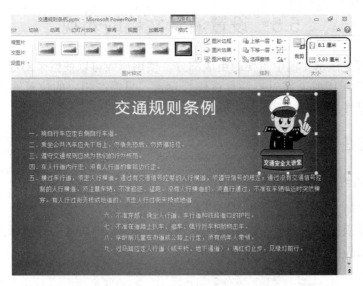

图 5-33　插入图片

图 5-34　插入剪贴画

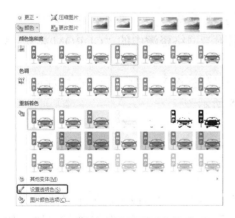

图 5-35　选择【设置透明色】选项

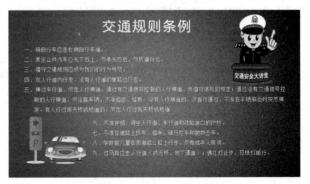

图 5-36　设置透明后的效果

5.5 设置演示文稿的外观

幻灯片母版是演示文稿中重要的组成部分,使用母版可以使整个幻灯片具有统一的风格和样式,使用母版时无需对幻灯片再进行设置,只需在相应的位置输入需要的内容即可,以减少重复性工作,提高工作效率。

5.5.1 设置母版

1. 使用母版统一幻灯片外观

下面讲解如何对幻灯片母版插入相同素材图片背景。

(1) 单击【视图】选项卡,在【母版视图】选项组中单击【幻灯片母版】按钮,出现该演示文稿的幻灯片母版,如图 5-37 所示。

图 5-37 添加幻灯片母板

(2) 选中幻灯片母版的第一张,切换到【插入】选项卡,在【图像】选项组中单击【图片】按钮,弹出【插入图片】对话框,选择随书附带网络资源中的"CDROM\素材\第5 章\001.jpg"素材文件,单击【插入】按钮。

(3) 单击【幻灯片母版视图】工具栏中的【关闭母版视图】按钮,退出幻灯片母版,就可以看到所有幻灯片插入相同素材图片,如图 5-38 所示。

2. 创建与母版不同的幻灯片

如果要使个别幻灯片与母版不一致,可以进行如下操作。

(1) 选中不同于母版信息的目标幻灯片。

(2) 单击【设计】选项卡,在【背景】组中单击对话框启动器按钮,弹出【设置背景格式】对话框,在【填充】组中选中【隐藏背景图形】复选框,则母版信息会被清除,如图 5-39 所示。

图 5-38　通过幻灯片插入图片

图 5-39　【设置背景格式】对话框

5.5.2　设计模板

PowerPoint 2010 为用户提供了很多主题设计模版，主题作为一套独立的选择方案应用于演示文稿中，可以简化演示文稿的创建过程，使演示文稿具有统一的风格。PowerPoint 2010 为用户了提供了大量的内置主题，用户可以直接在主题库中选择主体使用，也可以通过自定义方式修改主题的颜色、字体、背景等。

1. 应用内置主题

应用内置主题的操作步骤如下。

(1) 单击【设计】选项卡，在【主题】组中单击【其他】按钮，打开主题下拉菜单，如图 5-40 所示。

图 5-40　主题下拉菜单

(2) 在其中选择一种主题即可。

2. 使用外部主题

如果内置主题不能满足用户需求，用户可以使用外部主题创建演示文稿。

使用外部主题步骤如下。

(1) 切换到【设计】选项卡,在【主题】组中单击【其他】按钮,在弹出的主题下拉菜单中选择【浏览主题】命令,如图 5-41 所示。

图 5-41　选择【浏览主题】命令

(2) 弹出【选择主题或主题文档】对话框,选择一种主题,并单击【应用】按钮。

5.5.3　背景设置

背景作为幻灯片一个重要的组成部分,改变幻灯片背景可以使幻灯片整体面貌发生变化。我们可以在 PowerPoint 2010 中轻松改变幻灯片背景的颜色、过渡、纹理、图案及背景图像等。

1. 背景颜色的设置

1) 纯色填充

纯色填充改变背景颜色就是对幻灯片整体应用某一种颜色,具体的操作方法如下。

(1) 单击【设计】|【背景】|【背景样式】下拉按钮,在弹出的下拉列表中选择【设置背景格式】选项。

(2) 打开【设置背景格式】对话框。单击【填充】选项卡,选择【纯色填充】单选按钮,在【颜色】下拉列表中选择需要使用的背景颜色。如果没有合适的颜色,可以单击【其他颜色】,在弹出的【颜色】对话框中设置。选择好颜色后,单击【确定】按钮。

(3) 这时将返回【设置背景格式】对话框,单击【关闭】或【全部应用】按钮完成背景颜色设置的操作,如图 5-42 所示。

2) 渐变填充

除了使用纯色对背景进行填充外,用户还可以利用渐变色进行填充,操作步骤如下。

(1) 单击【设计】|【背景】|【背景样式】下拉按钮,在弹出的下拉列表中选择【设置背景格式】选项。

(2) 打开【设置背景格式】对话框,单击【填充】选项卡,选中【渐变填充】单选按钮。

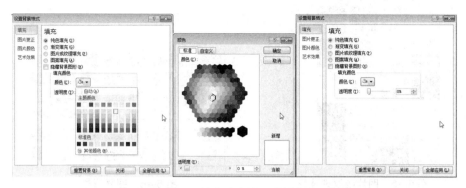

图 5-42　纯色填充设置背景颜色

● 预设颜色填充背景：单击【预设颜色】按钮，会出现预设渐变颜色列表，可以在其中选择一种预设渐变颜色，如图 5-43 所示。

● 自定义渐变颜色背景：在【类型】列表框中选择一种渐变类型，如【矩形】；在【方向】列表框中选择渐变方向，如【线性向上】；在【渐变光圈】下出现与所需颜色个数相等的渐变光圈个数，也可以单击【添加渐变光圈】或【删除渐变光圈】图标增加或减少渐变光圈。每种颜色都有一个渐变光圈，单击某一个渐变光圈，在【颜色】下拉列表框中可以改变颜色，拖动渐变光圈位置也可以调节渐变颜色，如需要，还可以调节颜色的亮度和透明度，如图 5-44 所示。

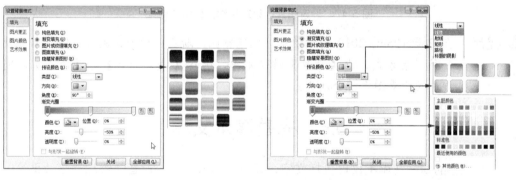

图 5-43　预设渐变色　　　　　　　图 5-44　通过自定义渐变颜色填充背景

(3) 在【设置背景格式】对话框中单击【关闭】或【全部应用】按钮。

2. 其他背景设置

在【设置背景格式】对话框的【填充】选项卡除了有【纯色填充】、【渐变填充】外，还包括【图片或纹理填充】和【图案填充】等选项。

(1) 【图片或纹理填充】：图片或纹理填充是幻灯片的背景以图片或者纹理来显示，包括纹理、插入自、将图片平铺为纹理、伸展/平铺选项、透明度等的设置。纹理中包括一些质感较强的背景，应用后会使幻灯片具有特殊材料的质感，如图 5-45 所示。

(2) 【图案填充】：即一系列网格状的底纹图形，一般很少使用此选项，它由背景色和前景色构成，其形状多是线条形和点状形，如图 5-46 所示。

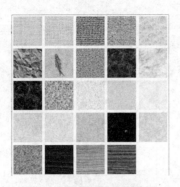

图 5-45　图片或纹理背景

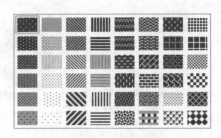

图 5-46　图案背景

设置图片、纹理和图案填充后的效果如图 5-47 所示。

(a) 图案填充　　　　　　　　(b) 纹理填充　　　　　　　　(c) 图案填充

图 5-47　设置图片、纹理和图案的填充效果

提示：在 PowerPoint 2010 的背景中，填充颜色、渐变、纹理、图案、图片只能使用一种背景方式，在【背景】对话框中，选择【填充颜色】为【白色】，则幻灯片的背景图案就会消失。

5.6　完善演示文稿

一个完善的演示文稿不仅仅包括文字，还可以插入影片、声音、添加动画效果等。下面对其进行详细讲解。

5.6.1　插入影片

PowerPoint 2010 中不仅可以添加文字和图片，还可以插入影片和动画，制作出完美的多媒体演示文稿。

1. 插入文件中视频

在幻灯片中插入视频的操作步骤如下。

(1)　选择需要插入视频的幻灯片，切换到【插入】选项卡，在【媒体】组中单击【视频】按钮，在其下拉菜单中选择【文件中视频】命令。

(2)　弹出【插入视频文件】对话框，选择相应的视频文件，单击【插入】按钮。

（3）在幻灯片中插入影片，可以通过控制点调整视频大小，如图 5-48 所示。

2．插入剪贴画视频

（1）选择需要插入视频的幻灯片，切换到【插入】选项卡，在【媒体】组中单击单击【视频】按钮，在其下拉菜单中选择【剪贴换视频】命令。

（2）弹出【剪贴画】任务窗格，在其中选择影片图标，幻灯片上出现相应的影片图标，在放映幻灯片时自动播放影片，如图 5-49 所示。

图 5-48　调整插入文件中视频的大小

图 5-49　选择剪贴画影片

（3）根据需要调整影片图标大小。

5.6.2　插入声音

用户可以在 PowerPoint 2010 的演示文稿中插入声音对象，从而丰富视觉和听觉效果，使演示文稿更具有感染力。

1．插入文件中的音频

用户可以在幻灯片中插入已下载好的音频文件，操作步骤如下。

（1）选择要插入声音的幻灯片，在【插入】选项卡的【媒体】组中单击【音频】按钮，在其下拉列表中选择【文件中的音频】选项。

（2）弹出【插入声音】对话框，选择需要插入的音频文件，单击【插入】按钮，在弹出的【音频工具】|【播放】选项卡中可以对播放进行设置，如图 5-50 所示。

2．插入剪贴画音频

在幻灯片中插入剪贴画音频文件步骤如下。

（1）选择要插入声音的幻灯片，在【插入】选项卡的【媒体】组中单击【音频】按

计算机应用基础(Windows 7+Office 2010)

钮，在其下拉列表中选择【剪贴画音频】选项。

(2) 弹出【剪贴画】任务窗格，选择声音图标，将其拖入到幻灯片中，即可将剪贴画音频插入到幻灯片中，如图 5-51 所示。

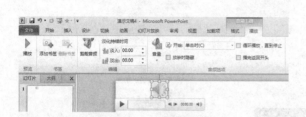

图 5-50　插入音频文件　　　　　　　图 5-51　【剪贴画】任务窗格

(3) 在【音频工具】|【播放】选项卡中可以对播放进行设置。

5.6.3　录制旁白

通过录制旁白，可以大大省去演讲者的力气，使其在讲解幻灯片时更为轻松。录制旁白的具体操作如下。

(1) 在【幻灯片放映】选项卡的【设置】组中单击【录制幻灯片演示】按钮，在其下拉列表中选择【从头开始录制】或【从当前幻灯片开始录制】选项。

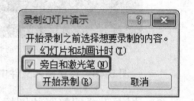

图 5-52　【录制幻灯片演示】对话框

(2) 弹出【录制幻灯片演示】对话框，确认选中【旁白和激光笔】复选框，单击【开始录制】按钮，如图 5-52 所示。

(3) 此时进入录制状态。

提示：在录制旁白时，必须在电脑上插入麦克风等音频输入设备。

5.6.4　添加动画效果

在 PowerPoint 2010 中用户可以为幻灯片各种对象(包括文本、图片、形状、表格、SmartArt 图形等)制作成动画。对幻灯片添加动画效果后，可以使幻灯片更加丰富，更加生动。

1．设置切换效果

幻灯片的切换效果是指演示文稿放映时幻灯片进入和离开播放画面时的切换效果。设置幻灯片切换效果的操作步骤如下。

(1) 选择需要设置切换效果的幻灯片。

(2) 切换到【切换】选项卡，在【切换到此幻灯片】选项组中单击【其他】按钮 ▼，
弹出【幻灯片切换】列表，如图 5-53 所示。

图 5-53　【幻灯片切换】列表

(3) 如果对所有的幻灯片添加相同的切换效果，在【计时】选项组中选择【全部应
用】按钮，此时所有幻灯片就会应用该切换效果。

下面来介绍【切换】选项卡中各选项的功能。

● 【预览】选项组：如果需要在设置切换效果的同时观看效果，可以选择【预览】
选项。

● 【切换到此幻灯片】选项组：用于设置不同的切换效果，其中【效果选项】下拉
列表框可以设置切换方向、形状等属性。

● 【计时】选项组的【全部应用】按钮：用于选择切换效果。

● 【换片方式】：【单击鼠标时】是指放映时，单击鼠标左键一次就切换到下一张
幻灯片；【设置自动换片时间】是指幻灯片放映时，每隔一段时间就会自动
换页。

● 【声音】：在其下拉列表框中选择一种声音，在切换幻灯片时就会发出相应的
声音。

● 【持续时间】：设置持续时间即可。

💡 **注意**：如何取消幻灯片的切换效果呢？其方法和设置切换效果的方法相似，单击【切
换】|【切换到此幻灯片】|【其他】下拉按钮，弹出【幻灯片切换】列表，选
择【无】即可。

2. 设置动画效果

PowerPoint 2010 为用户了提供了四类动画类型：进入、强调、退出和动作路径。

● 进入：设置对象从外部进入或出现时的动画效果。

● 强调：设置在播放画面中需要进行突出显示的对象，起强调作用。

● 退出：设置播放画面中的对象离开播放画面时的方式。

● 动作路径：设置播放画面中的对象路径移动的方式，如弧形、直线等。

设置动画效果的操作步骤如下。

(1) 选中幻灯片中的某一要素，如图形、文本框。

(2) 切换到【动画】选项卡，在【动画】组中单击【其他】按钮，弹出【动画】下拉菜单，如图 5-54 所示。

(3) 选择【更多进入效果】命令，弹出【更改进入效果】对话框，选择一种进入动画效果，然后单击【确定】按钮，如图 5-55 所示。

图 5-54　【动画】下拉菜单　　　　图 5-55　【更改进入效果】对话框

(4) 在【动画】选项卡的【动画】组中单击【效果选项】，在其下拉列表中可以设置方向和序列。

(5) 在【计时】选项组中单击【开始】下拉按钮，在其下拉列表中选择开始动画的方式；【持续时间】用于设置动画持续的速度；【延迟】设置对象经过多久进行播放。

3. 使用动画窗格

当对多个对象设置动画后，可以按默认设置顺序播放动画，也可以调整动画的播放顺序，利用【动画】选项卡和动画窗格对对象的动画进行设置。

(1) 选中设置多个对象动画的幻灯片，单击【动画】选项卡【高级动画】组中的【动画窗格】按钮，此时在幻灯片的右侧出现【动画窗格】，在该窗格中显示出当前对象的动画名称及对应的动画顺序。

(2) 选择【动画窗格】中的某对象名称，利用窗格下方的【重新排序】中的上移或下移图标按钮，调整动画顺序；也可以拖动对象名称来改变动画的顺序。

(3) 在动画窗格中选择某一动画效果，可以在【计时】选项组中进行相应的设置。

(4) 在【动画窗格】中，使用鼠标拖动时间条的边框可以改变对象动画放映时间；拖动时间条的位置可以改变动画的延迟时间。

(5) 选择【动画窗格】的某对象名称，单击其右侧的下三角按钮，在其下拉菜单中选择【效果选项】命令，此时会弹出对象动画效果设置对话框，在该对话框中可以对动画进行设置，如图 5-56 所示。

图 5-56　使用动画窗格为对象设置效果

【实例 5-2】制作情人节贺卡

下面讲解如何利用 PowerPoint 2010 制作情人节贺卡，具体操作步骤如下。

(1) 新建空白演示文稿，将【版式】设为空白，选择【设计】|【页面设置】|【幻灯片方向】|【纵向】命令，如图 5-57 所示。

(2) 选择【设计】|【背景】|【背景样式】|【样式 9】选项，按 Ctrl+M 组合键添加第 2 张幻灯片，如图 5-58 所示。

图 5-57　设置幻灯片方向

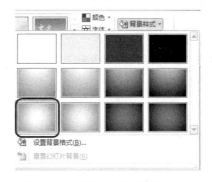

图 5-58　设置幻灯片背景样式

(3) 绘制圆形，在【绘图工具】|【格式】选项卡中将【形状高度】和【形状宽度】设为 14 厘米，将【形状填充】和【形状轮廓】的颜色的 RGB 值设为 220、20、60，如图 5-59 所示。

(4) 对创建的圆进行复制，将【形状填充】设为【无填充演示】，将【轮廓】的选线设为【长划线】。插入文本框，在文本框中输入"情"，将字号设为 115，并单击【加粗】按钮 B 和【文字阴影】按钮 S，【字体颜色】设为白色，如图 5-60 所示。

图 5-59　绘制圆形并设置格式　　　　　图 5-60　输入文字并设置其格式

　　(5) 使用同样的方法输入其他文字。

　　(6) 绘制心形，将【形状高度】和【形状宽度】设为 7.6 厘米，【形状填充】和【形状轮廓】的 RGB 值设为 220、20、60。插入文本框并输入文字，字号设为 72，并单击【加粗】按钮 B 和【文字阴影】按钮 S，【字体颜色】设为【白色】。然后插入素材 QR001.png 文件，如图 5-61 所示。

　　(7) 选择【插入】|【媒体】|【文件中的音频】命令，选择素材文件夹中的 "背景音乐.mp3" 文件，将其插入幻灯片中。在【音频工具】|【播放】选项卡中，将【开始】设为【跨幻灯片播放】，并选中【循环播放，直到停止】复选框，如图 5-62 所示。

图 5-61　添加文字和素材

　　(8) 选择两个椭圆，在【动画】选项卡中对椭圆添加【进入】效果组中的【飞入】效果，将【开始】设为【与上一动画同时】。选择第一个椭圆单击【效果选项】按钮，在弹出的下拉列表中选择【自顶部】选项，如图 5-63 所示。

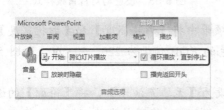

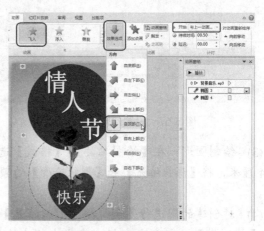

图 5-62　添加音频并设置　　　　　　图 5-63　设置椭圆动画效果

(9) 选择心形，添加【进入】效果组中的【缩放】效果，将【开始】设为【上一动画之后】；按住 Shift 键选择文字"情、人、节"，添加【进入】效果组中的【淡出】，将【开始】设为【上一动画之后】；对文字"快乐"添加【进入】效果组中的【浮入】效果，将【开始】设为【上一动画之后】；对玫瑰花添加【进入】效果组中的【缩放】效果，将【开始】设为【上一动画之后】，如图 5-64 所示。

(10) 切换到第二张幻灯片，单击【插入】|【插图】|【形状】|【斜纹】图形，在第 2 张幻灯片中绘制，将【形状高度】和【形状宽度】设为 4.2 厘米，【形状填充】和【形状轮廓】颜色的 RGB 值设为 220、20、60，如图 5-65 所示。

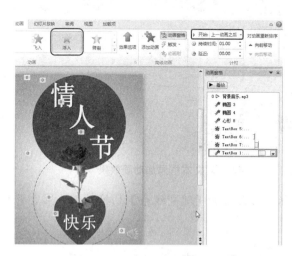
图 5-64　设置心形动画效果

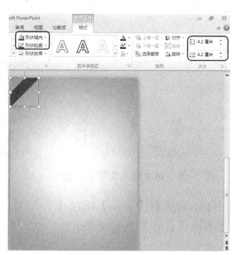
图 5-65　绘制图形并设置

(11) 插入 QR002.png 和 QR003.png 素材文件，并适当调整图片的大小和位置，如图 5-66 所示。

(12) 插入文本框，并在文本框中输入文字，将字体设为【微软雅黑】，字号设为 20，【字体颜色】RGB 值设为 220、20、60，【行距】设为 2.5 倍行距，如图 5-67 所示。

图 5-66　插入素材图片并调整

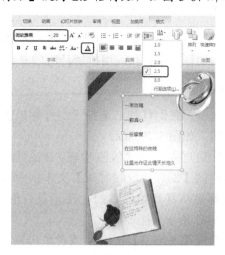
图 5-67　输入文本并设置

(13) 再次插入文本框，输入文字，将字体设为【微软雅黑】，字号设为 20，【字体颜色】RGB 值设为 220、20、60，并单击【加粗】按钮 **B**，如图 5-68 所示。

(14) 选择两个文本框，添加【进入】效果组的【浮入】动画效果，将【开始】设为【上一动画之后】，如图 5-69 所示。

图 5-68　再次输入文字并设置

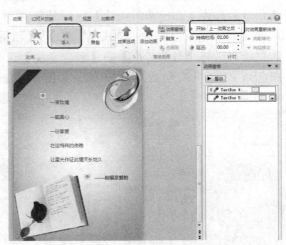
图 5-69　对文本框添加动画效果

(15) 切换到【切换】选项卡，对第 1 张幻灯片添加【随即线条】切换动画，第 2 张幻灯片添加【反转】切换动画。

5.7　播放演示文稿

幻灯片制作完成后需要对幻灯片进行放映查看，本节将重点讲解幻灯片的放映输出技术。

5.7.1　设置放映时间

为了方便用户在自动运行幻灯片时控制其放映时间，Power Point 2010 中提供了排练计时功能，为幻灯片设置和应用排练计时的具体操作步骤如下。

1. 设置排练计时

(1) 选择一张幻灯片，选择【幻灯片放映】选项卡，单击【设置】选项组中的【排练计时】按钮，如图 5-70 所示。

(2) 然后进入幻灯片放映状态，在幻灯片的左上角会出现【录制】工具栏，在【录制】工具栏的【幻灯片放映时间】文本框中显示了当前幻灯片的放映时间，每一张幻灯片在排练时都是从零开始计时的；在工具栏的最右侧显示了已经放映幻灯片的计时累计时间，如图 5-71 所示。

(3) 单击【下一项】按钮 或者单击鼠标左键切换至下一张幻灯片，开始下一张幻灯片的排练计时。如果重新排练计时，可以单击【重复】按钮 ，文本框中的时间就会从 0

开始，而右侧的累计时间则从上一张幻灯片的计时时间开始；若想暂停计时，可以单击【暂停】按钮 ，暂停当前的排练计时，弹出提示信息，单击【继续录制】按钮，则继续排练计时。

图 5-70　单击【排练计时】按钮

图 5-71　录制工具栏

(4) 依次对幻灯片进行排练计时完成后，弹出 Microsoft PowerPoint 对话框，显示幻灯片放映时共需的时间，同时询问是否保留幻灯片排练时间，如图 5-72 所示。若保留则单击【是】按钮，否则单击【否】按钮，此处单击【是】按钮。

2．应用排练计时

应用排练计时的具体操作步骤如下。

(1) 在【幻灯片放映】选项卡中，单击【设置】选项组中的【设置幻灯片放映】按钮。

(2) 弹出【设置放映方式】对话框，在【换片方式】选项区域中，选中【如果存在排练时间，则使用它】单选按钮，如图 5-73 所示。

图 5-72　Microsoft PowerPoint 对话框

图 5-73　【设置放映方式】对话框

(3) 单击【确定】按钮，然后调整幻灯片的切换时间，选择【切换】选项卡，在【计时】选项组中的【换片方式】选项区域下，可以在【设置自动换片时间】文本框中输入时间。

5.7.2　设置放映方式

由于演示文稿的作用不同，要选择放映方式也不相同。演示文稿有三种放映类型：演讲者放映(全屏幕)、观众自行浏览(窗口)、展台浏览(全屏幕)。一般情况选择【演讲者放映】类型。

- 【演讲者放映(全屏幕)】：演讲者放映是全屏幕放映，这种放映方式适合会议或教学的场合，放映过程完全由演讲者控制。
- 【观众自行浏览(窗口)】：展览会上若允许观众交互控制放映过程，则适合采用这种放映方式。它允许观众利用窗口命令控制放映进程，观众可以利用窗口右下

方的左、右箭头，分别切换到前一张幻灯片和后一张幻灯片。利用两箭头之间的
【菜单】命令，将弹出放映控制菜单；利用菜单的【定位至幻灯片】命令，可以
方便快速地切换到指定的幻灯片，按 Esc 键可以终止放映。

● 【在展台浏览(全屏幕)】：这种放映方式采用全屏幕放映，适用展示产品的橱窗
和展览会上自动播放插排信息的展台，可手动播放，也可采用事先排列好的演示
时间自动循环播放，此时，观众只能观看不能控制。

设置放映方式的具体操作步骤如下。

(1) 打开要放映的演示文稿，在【幻灯片放映】选项卡的【设置】选项组中单击【设
置幻灯片放映】按钮，弹出【设置放映方式】对话框，如图 5-74 所示。

图 5-74　【设置放映方式】对话框

(2) 在【设置放映方式】对话框的【放映类型】选项组中，可以选择【演讲者放映(全
屏幕)】、【观众自行浏览(窗口)】、【在展台浏览(全屏幕)】3 种放映方式的一种。

(3) 在【放映幻灯片】选项组中，可以设置幻灯片的放映范围为部分或全部，放映部
分幻灯片时，可以指定放映幻灯片的开始序号和终止序号。

(4) 在【换片方式】选项组中，可以选择控制放映换片方式。演讲者放映(全屏幕)、
观众自行浏览(窗口)放映方式通常采用【手动】换片方式；而在展台浏览(全屏幕)方式通常
进行事先排练，可以选择【如果存在排练时间，则使用它】换片方式，自行播放。

5.7.3　启动放映

在默认情况下，幻灯片播放方式是按制作时的顺序播放的，即由第一张开始到最后一
张。如果在播放幻灯片时需要直接切换到某张幻灯片时，可以根据需要在放映幻灯片时控
制幻灯片的播放顺序。一般来说，控制幻灯片的播放顺序有以下几种方式。

1. 返回上一张幻灯片

放映幻灯片时返回上一张幻灯片，可以使用下面的方法。

(1) 移动鼠标指针，在屏幕左下出现幻灯片控制放映图标 ← ✎ ▤ ➡，单击 ← 图标。

(2) 可以在放映时右键单击，在弹出的快捷菜单中选择【上一张】命令，如图 5-75 所示。

2. 切换到演示文稿中的任意一张幻灯片

在正在放映的当前幻灯片中右击，在弹出的快捷菜单中选择【定位至幻灯片】命令，

在打开的幻灯片标题子菜单中选择要切换到的幻灯片，如图 5-76 所示。使用这种方法时可以看到，在当前演示的幻灯片标题前面有一个选中符号。

图 5-75　选择【上一张】命令　　　　图 5-76　定位幻灯片

5.7.4　打包演示文稿

幻灯片制作完成后，有时需要将演示文稿在其他计算机进行放映。PowerPoint 2010 提供了完善的打包功能，打包演示文稿的操作方法如下。

(1) 选择要打包的演示文稿，选择【文件】选项卡中的【保存并发送】命令，然后选择【将演示文稿打包成 CD】选项，单击【打包成 CD】按钮。

(2) 弹出【打包成 CD】对话框，在【打包成 CD】对话框中单击【复制到文件夹】按钮，出现【复制到文件夹】对话框，输入文件夹名称和路径位置，并单击【确定】按钮，则打包的文件存放到设定的文件夹中。

(3) 若已经安装光盘刻录设备，在【打包成 CD】对话框中选择【复制 CD】按钮可以将演示文稿打包成 CD，此时要求在光驱中放入空白光盘，出现【正在将文件复制到 CD】对话框，并提示复制的进度，进度完成后则打包操作完成，如图 5-77 所示。

(4) 在默认情况下，打包应包含与演示文稿相关的连接文件和嵌入的 TrutType 字体，若想改变这些设置，单击【选项】按钮，弹出【选项】对话框，在其中进行设置，如图 5-78 所示。

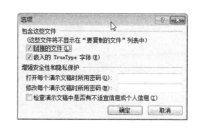

图 5-77　【打包成 CD】对话框　　　　图 5-78　【选项】对话框

5.8　小型案例实训

下面通过两个案例对本章内容进行融会讲解。

5.8.1　制作电子相册

下面利用 PowerPoint 2010 制作电子相册，具体操作方法如下。

(1)　新建空白演示文稿，将第 1 张幻灯片的版式设为空白，然后按 4 次 Ctrl+M 组合键，再次添加 4 张空白演示文稿，如图 5-79 所示。

(2)　选择第 1 张幻灯片，单击【设计】|【背景】|【背景样式】按钮，在弹出的下拉列表中选择【设置背景格式】选项，如图 5-80 所示。

图 5-79　添加空白幻灯片

图 5-80　选择【设置背景格式】选项

(3)　弹出【设置背景格式】对话框，选中【图片或纹理填充】单选按钮。单击【文件】按钮，弹出【插入图片】对话框，选择随书附带网络资源中的"CDROM\素材\第 5 章\DZ001.jpg"文件，并单击【插入】按钮，如图 5-81 所示。

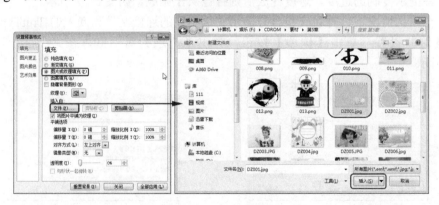

图 5-81　插入背景图片

(4)　返回到【设置背景格式】对话框，单击【关闭】按钮。选择【插入】|【文本】|【文本框】|【横排文本框】命令，在文本框中输入"宝贝屋"，在【开始】选项卡的【字体】组中将字体设为【迷你简娃娃篆】，字号设为 166，如图 5-82 所示。

(5)　选择文本框，单击【绘图工具】|【格式】|【艺术字样式】的其他按钮 ，在弹出

的样式列表中选择【填充-红色，强调文字颜色 2，暖色粗糙棱台】样式，如图 5-83 所示。

图 5-82　输入文本并设置

图 5-83　设置艺术字样式

(6)　继续选择文本框，单击【绘图工具】|【格式】|【艺术字样式】|【文字效果】按钮，在弹出的下拉列表中选择【阴影】|【透视】|【左上对角透视】选项，如图 5-84 所示。

(7)　选择第 2 张幻灯片，使用前面介绍的方法将素材 DZ002.jpg 文件设置为第 2 张幻灯片的背景，如图 5-85 所示。

图 5-84　设置阴影效果

图 5-85　设置背景

(8)　将素材 DZ003.jpg 文件插入到第 2 张幻灯片中，将【形状高度】设为 9.78 厘米，【形状宽度】设为 14.68 厘米。在【图片样式】选项组应用【柔化边缘椭圆】图片样式，如图 5-86 所示。

(9)　在【图片样式】选项组中选择【图片效果】|【柔化边缘】|【50 磅】选项，如图 5-87 所示。

(10) 根据第 2 张幻灯片的制作方法，制作出第 3、4、5 张幻灯片，效果如图 5-88 所示。

(11) 切换到【插入】|【相册】|【新建相册】选项，弹出【相册】对话框，单击【文件/磁盘】按钮，弹出【插入新图片】对话框。选择素材文件夹中的 DZ010.jpg～DZ015.jpg，并单击【插入】按钮。返回到【相册】对话框，将【图片版式】设为【2 张图片】，【相框形状】设为【简单框架，白色】，单击【创建】按钮，如图 5-89 所示。

计算机应用基础(Windows 7+Office 2010)

图 5-86　插入图片并设置样式

图 5-87　设置柔化边缘后的效果

图 5-88　第 3、4、5 张幻灯片效果

(12) 选择创建相册的全部幻灯片，按 Ctrl+C 组合键进行复制，返回到场景中将光标置于第 5 张幻灯片后，按 Ctrl+V 进行粘贴。选择复制的幻灯片，切换到【设计】选项卡，在【主题】列表中选择【气流】主题，如图 5-90 所示。

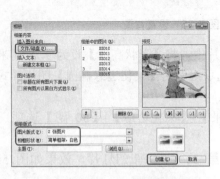
图 5-89　创建相册

图 5-90　设置主题

(13) 将第 6 张幻灯片的副标题删除，然后将主标题修改为"相册欣赏"。

(14) 在第 7、8、9 张幻灯片中插入素材图片，并适当调整大小，如图 5-91 所示。

(15) 使用同样的方法制作出第 10 张幻灯片，如图 5-92 所示。

(16) 最后对所有的幻灯片添加切换效果，用户可以根据自己爱好进行添加。

图 5-91　插入素材图片并调整

图 5-92　第 10 张幻灯片

5.8.2　制作过光文字

本例将利用 PowerPoint 2010 制作过光文字。

(1) 新建空白演示文稿，单击【开始】|【幻灯片】|【版式】按钮，在其下拉列表中选择【空白】选项，如图 5-93 所示。

(2) 单击【插入】|【形状】|【矩形】选项，绘制矩形。在【绘图工具】|【格式】选项卡的【大小】选项组中将【形状高度】设为 19.05 厘米，将【形状宽度】设为 25.4 厘米。然后在【形状样式】选项组中单击【其他】按钮 ，在弹出的列表中选择【彩色填充-黑色，深色 1】，如图 5-94 所示。

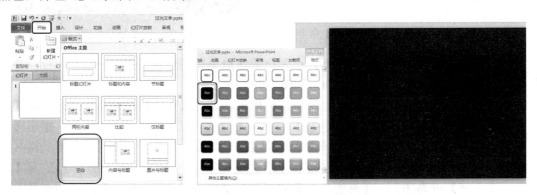

图 5-93　选择【空白】选项　　　　　　图 5-94　设置矩形形状样式

(3) 插入文本框，并在文本框中输入"PowerPoint 2010"，将字体设为 Arial Black，字号设为 66,【字体颜色】设为【橙色】,如图 5-95 所示。

(4) 选择文本框,按着 Ctrl 键对文本框进行拖动复制,以实现对文字的复制。

(5) 按着 Shift 键选择矩形和第一次输入的文字,按 Ctrl+X 组合键进行剪切,然后按 Ctrl+Alt+V 组合键弹出【选择性粘贴】对话框,在【作为】列表框中选择【位图】选项,并单击【确定】按钮,如图 5-96 所示。

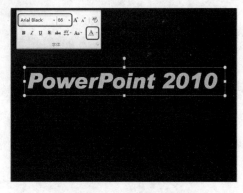

图 5-95　输入文字并设置格式

图 5-96　【选择性粘贴】对话框

(6) 切换到【图片工具】|【格式】选项卡,在【调整】组中单击【颜色】按钮,在弹出的下拉菜单中选择【设置透明色】命令,如图 5-97 所示。

(7) 在黄色文字上单击,此时变为镂空文字,如图 5-98 所示。

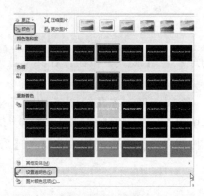

图 5-97　选择【设置透明色】命令

图 5-98　设置镂空文字

(8) 选择镂空文字单击鼠标右键,在弹出的快捷菜单中选择【置于底层】命令,并将复制的文字放置到镂空文字的正上面,如图 5-99 所示。

(9) 绘制矩形,将【形状高度】设为 3.6 厘米,【形状宽度】设为 2.5 厘米。在【绘图工具】|【格式】选项卡的【形状样式】组中将【形状轮廓】设为【无轮廓】,单击【形状填充】按钮,在其下拉列表中选择【渐变】|【其他渐变】选项,弹出【设置形状格式】对话框,切换到【填充】选项卡,选中【渐变填充】单选按钮,将【类型】设为【线性】,【角度】设为 0°,【渐变光圈】的三个渐变光圈都设为白色,并将第一个和第三个光圈的【透明度】设为 100%,如图 5-100 所示。

图 5-99　调整对象的位置　　　　　　图 5-100　设置矩形的形状格式

(10) 对创建的矩形进行旋转，并调整到如图 5-101 所示的位置。

(11) 选择创建的矩形，切换到【动画】选项卡，对其添加【进入】效果组中的【飞入】特效，单击【效果选项】按钮，在弹出的下拉列表中选择【自左侧】，将【持续时间】设为 02.75，如图 5-102 所示。

图 5-101　调整矩形的位置和角度　　　　　图 5-102　设置动画效果

(12) 选择矩形，在【动画】选项组中单击对话框启动器按钮，弹出【飞入】对话框，在【计时】选项卡中将【重复】设为【直到下一次单击】，单击【确定】按钮，如图 5-103 所示。

(13) 选择镂空文字图片，单击鼠标右键，在弹出的快捷菜单中选择【置于顶层】命令，如图 5-104 所示。

图 5-103　设置【计时】选项卡的重复项　　　图 5-104　设置镂空文字于顶层

(14) 至此，过光文字制作完成，按 F5 键预览效果。

5.9 本章小结

PowerPoint 是世界上使用人数最多的幻灯片演示工具，主要用于制作具有图文并茂展示效果的演示文稿，用户可以通过该软件提供的功能自行设计、制作和放映文稿，它具有动态性、交互性和可视性的特点，本章节所讲解的知识点内容主要包括以下部分。

第一部分主要讲解了 PowerPoint 2010 的基础知识，包括软件的启动、退出和窗口组成等内容。

第二部分主要讲解演示文稿的制作方法，包括演示文稿的创建、编辑，以及编辑演示文稿文字和如何在幻灯片中插入图片。其中需重点掌握幻灯片的编辑和操作技术。

第三部分主要讲解如何设置演示文稿的外观，包括母版的创建和编辑，模板的使用及背景的设置。

第四部分主要讲解演示文稿的多媒体功能，包括插入影片和声音、录制旁白、添加各种动画等。其中需要重点掌握如何在演示文稿中设置动画。

第五部分主要讲解演示文稿的放映设置、控制和输出，包括演示文稿的放映方式及设置，演示文稿的打包输出。

习　题

操作题

打开随书附带网络资源中的 "CDROM\素材\第 5 章\四大发明.doc" 文件，根据以下内容要求制作幻灯片。

(1) 将幻灯片的主题设为【暗香扑面】。

(2) 第 1 张幻灯片版式设为【标题幻灯片】，输入文本。

(3) 插入第 2 张幻灯片，版式设为【两栏内容】，首先输入标题，在第一栏中输入文字，将【字体】修改为隶书，在第二栏中插入图片。

(4) 插入第 3 张幻灯片，版式设为【标题和内容】，首先输入标题，然后在内容文本框中输入文本，【字体】修改为隶书，【字号】设为 24，取消项目符号的显示，插入素材图片。

(5) 插入第 4 张幻灯片，【版式】设为【标题和竖排文字】，输入标题，然后在内容栏输入主体内容，【字体】修改为隶书，【字号】设为 24，【字体演示】设为【深红】，取消项目符号的显示，插入素材图片。

(6) 插入第 5 张幻灯片，【版式】设为【两栏内容】，输入标题，然后在第一栏中输入文本，【字体】修改为【隶书】，【字号】设为 24，取消项目符号的显示，在第二栏中插入素材图片。

(7) 设置切换方式，将第 1 张～第 5 张幻灯片分别设为分割、涟漪、门、传送带、摩天轮。

(8) 为幻灯片中图片添加动画。

第 6 章

计算机网络基础及安全维护

计算机应用基础(Windows 7+Office 2010)

本章要点:

- 计算机网络的组成、功能、分类。
- 计算机网络协议、域名和局域网的设置。
- Internet 的接入方式、服务和应用。
- IE 浏览器、QQ、电子邮件的应用。
- 计算机安全技术、病毒、防火墙的基本知识应用。

学习目标:

- 掌握网络组成、局域网设置等重要理论知识。
- 掌握 IE 浏览网页、QQ 聊天等实际操作方法。
- 掌握计算机网络的具体安全维护方法。

6.1　计算机网络概述及组成

1. 计算机网络概述

计算机网络是计算机技术与通信技术高度发展、紧密结合的产物,是分布在不同的地理位置具有独立功能的多台计算机,它们通过外部设备和通信线路连接起来,实现资源共享和信息传递的计算机系统。

2. 计算机网络的组成

计算机网络一般由资源子网与通信子网两部分组成。

(1) 资源子网:主要任务是收集、存储和处理信息,为用户提供资源共享和各种网络服务等。资源子网主要包括联网的计算机、终端、外部设备、网络协议及网络软件等。

(2) 通信子网:主要任务是连接网上的各种计算机,完成数据的传输与交换。通信子网主要包括通信线路、网络连接设备、网络协议和通信控制软件等。

6.2　计算机网络的功能和分类

1. 计算机网络的功能

计算机网络有许多功能,其主要功能有以下几种。

(1) 数据通信:数据通信即实现计算机与终端、计算机与计算机间的数据传输,是计算机网络的最基本的功能,也是实现其他功能的基础。如电子邮件、传真、远程数据交换等。

(2) 资源共享:实现计算机网络的主要目的是共享资源。一般情况下,网络中可共享的资源有硬件资源、软件资源和数据资源,其中共享数据资源最为重要。

(3) 远程传输:计算机已经由科学计算向数据处理方面发展,由单机向网络方面发展,且发展的速度很快。分布在很远的用户可以互相传输数据信息,互相交流,协同工作。

(4) 集中管理：计算机网络技术的发展和应用，已使得现代办公、经营管理等发生了很大的变化。目前，已经有了许多 MIS 系统、OA 系统等，通过这些系统可以实现日常工作的集中管理，提高工作效率，增加经济效益。

(5) 实现分布式处理：网络技术的发展，使得分布式计算成为可能。对于大型的课题，可以分为许许多多的小题目，由不同的计算机分别完成，然后再集中起来解决问题。

(6) 负载平衡：负载平衡是指工作被均匀地分配给网络上的各台计算机。网络控制中心负责分配和检测，当某台计算机负载过重时，系统会自动转移部分工作到负载较轻的计算机中去处理。

2. 计算机网络的分类

计算机网络有多种分类方法，由于网络覆盖的地理范围不同，它们所采用的传输技术也就不同，根据这种方式可以将计算机网络分为三种：局域网、城域网、广域网。

(1) 局域网：局域网又称局部地区网，通信距离通常为几百米到几千米，是目前大多数计算机组网的主要方式。机关网、企业网、校园网均属于局域网。

(2) 城域网：城域网是一种介于局域网与广域网之间的高速网络，通信距离一般为几千米到几十千米，传输速率一般在 50Mbps 左右，使用者多为需要在城市内进行高速通信的较大单位与公司等。

(3) 广域网：广域网又称远程网，通信距离为几十千米到几千千米，可跨越城市和地区，覆盖全国甚至全世界。广域网常常借用现有的公共传输信道进行计算机之间的信息传递，如电话线、微波、卫星或者它们的组合信道。因特网就是一种广域网。

6.3 网络协议与主机地址

Internet 是建立在全球网络互联的基础上，它提供了丰富的资源共享，以及其他多种功能。下面对 Internet 的网络协议与主机地址进行讲解。

6.3.1 主机地址

一个 IP 地址的网络部分被称为网络号或者网络地址，主机可以与具有相同的网络号的设备直接通信。在没有连接设备的情况下，即使共享相同的物理网段，网络号不同则无法进行通信，IP 地址的网络地址使路由器可以将分组置于正确的网段上，IP 地址网络号后的主机号可以使路由器能够将二层帧封装的分组传送到网络上的一台特定的主机，使主机号与 MAC 地址进行正确的映射。其中关键问题在于使用子网掩码来确定或者获取远程主机的网络地址信息。网络地址之后的部分为主机地址。作为同一个网络的网络地址必须是相同的，但是作为同一个网络的主机地址必须是不同的，在同一个网络中的主机才能够直接进行通信，这种情况下的网络称为平面网络。比如：192.168.1.1/24 和 192.168.1.2/24，网络 ID 一样，主机 ID 不同。如不是同一个网络的主机之间通信必须通过设备对数据进行转发，这种情况下的网络称为层次网络。

6.3.2 IP 地址

IP 地址是 Internet 协议所规定的一种数字型标志，它是一个由 0、1 两个数字组成的二进制数字串，一共有 32bit。

IP 地址是一种在 Internet 上给主机编址的方式，也称为网际协议地址，是 TCP/IP 协议中所使用的网络层地址标识。IP 是由两部分组成：网络标识和主机标识，网络标识用来表示一个主机所属的网络，主机标识用来识别处于该网络中的一台主机。在因特网中，它是能使连接到网上的所有计算机网络实现相互通信的一套规则，规定了计算机在因特网上进行通信时应当遵守的规则。

6.3.3 子网的划分

1. 子网掩码的概念

子网掩码是一个应用于 TCP/IP 网络的 32 位二进制，它可以屏蔽掉 IP 地址中的一部分，从而分离出 IP 地址中的网络部分与主机部分。基于子网掩码，管理员可以将网络进一步划分为若干个子网。

2. 子网掩码的分类

1) 缺省子网掩码

缺省子网掩码即未划分子网，对应的网络号的位都置 1，主机号都置 0。

(1) A 类网络缺省子网掩码：255.0.0.0。

(2) B 类网络缺省子网掩码：255.255.0.0。

(3) C 类网络缺省子网掩码：255.255.255.0。

2) 自定义子网掩码

将一个网络划分为几个子网，需要每一段使用不同的网络号或子网号，实际上我们可以认为是将主机号分为两个部分：子网号、子网主机号。自定义子网掩码的形式如下。

未做子网划分的 IP 地址：网络号＋主机号。

做子网划分后的 IP 地址：网络号＋子网号＋子网主机号。

也就是说 IP 地址在划分子网后，以前的主机号位置的一部分给了子网号，余下的是子网主机号。

3. 确定子网掩码

确定子网掩码的步骤如下。

(1) 确定物理网段的数量，并将其转换为二进制数，并确定位数 n。如：你需要 6 个子网，6 的二进制值为 110，共 3 位，即 n=3。

(2) 按照你 IP 地址的类型写出其缺省子网掩码。如 C 类，则缺省子网掩码为 11111111.11111111.11111111.00000000。

(3) 将子网掩码中与主机号的前 n 位对应的位置置 1，其余位置置 0。若 n=3 且为 C 类地址：则得到子网掩码为 11111111.11111111.11111111.11100000，转化为十进制得到

255.255.255.224。

B 类地址：则得到子网掩码为 11111111.11111111.11100000.00000000，转化为十进制得到 255.255.224.0。

A 类地址：则得到子网掩码为 11111111.11100000.00000000.00000000，转化为十进制得到 255.224.0.0。

6.4　域名和域名分析

由于 IP 地址比较复杂很难记忆，于是人们用域名代替 IP 地址。域名的实质就是用一组由字符组成的名字代替 IP 地址，为了避免重复，域名采用层次结构，各层次的子域名之间用圆点"."隔开，从右至左分别是第一级域名(或称为顶级域名)，第二级域名……直至主机名，其结构如下：

主机名……第二级域名.第一级域名

在国际上，第一级域名采用通用的标准代码，分为组织机构和地址模式两类。除美国以外的国家都用主机所在的国家和地区名称作为第一级域名，例如：cn(中国)、jp(日本)、kr(韩国)、uk(英国)。

我国的第一级域名是 cn，第二级域名也分为类别域名和地区域名。其中地区域名有 bj(北京)、sh(上海)等。类别域名见表 6-1。

表 6-1　类别域名

域名代码	说　　明	域名代码	说　　明
com	商业结构	edu	教育机构
ntt	网络结构	gov	政府部门
org	非营利结构	mil	军队
int	国际性结构	<country code>	国家代码(地理域名)

下面通过一个例子说明域名的组成。北京大学的域名是 pku.edu.cn，其组成结构如下。

cn：第一级域名，我国的第一级域名是 cn。

edu：第二级域名，采用的是类别域名，代表教育机构。

pku：主机名，采用的是北京大学的英文缩写。

6.5　局域网及其连接设备

局域网(Local Area Network，LAN)是指在某一区域内(一般是方圆几千米以内)由多台计算机互联成的计算机组。局域网可以实现文件管理、应用软件共享、打印机共享、工作组内的日程安排、电子邮件和传真通信服务等功能。局域网是封闭型的，可以由办公室内的两台计算机组成，也可以由一个公司内的上千台计算机组成。

6.5.1　局域网的定义

为了完整地给出局域网的定义，必须使用两种方式：第一种是将局域网定义为一组台式计算机和其他设备,在物理位置上彼此相隔不远，以允许用户相互通信和共享诸如打印机和存储设备之类的计算资源的方式互连在一起的系统称之为局域网。这种定义适用于办公环境下的、工厂和研究机构中使用的局域网。 第二种是由特定类型的传输媒体(如电缆、光缆和无线媒体)和网络适配器(亦称为网卡)互连在一起的计算机,并受网络操作系统监控的网络系统称之为局域网。

就局域网的技术性定义而言，它定义为由特定类型的传输媒体(如电缆、光缆和无线媒体)和网络适配器(亦称为网卡)互连在一起的计算机，并受网络操作系统监控的网络系统。

功能性和技术性定义之间的差别是很明显的，功能性定义强调的是外界行为和服务；技术性定义强调的则是构成局域网所需的物质基础和构成的方法。

6.5.2　局域网的拓扑结构

局域网通常是分布在一个有限地理范围内的网络系统，一般所涉及的地理范围只有几公里。局域网专用性非常强，具有比较稳定和规范的拓扑结构。常见的局域网拓扑结构如下。

1)　星形拓扑

星形拓扑结构是最早的通用网络拓扑结构，如图 6-1 所示。在星形拓扑结构中，节点通过点到点通信链路与中心节点连接。中心节点控制全网的通信，任何两节点之间的通信都要经过中心节点，星形拓扑结构简单，易于实现，便于管理。但网络的中心节点是全网可靠性的关键，一旦发生故障就有可能造成全网瘫痪。

2)　环形拓扑

环形拓扑将各个节点依次连接起来，并把首尾相连构成一个环型结构。环形网络中的信息传送是单向的，即沿着一个方向从一个节点传到另一个节点；每个节点需安装中继器，以接收、放大、发送信号。特点是结构简单，建网容易，方便管理，成本低，适用于数据不需要在中心节点上处理而主要在各自节点上进行处理的情况。但是环路是封闭的，不便于扩充，可靠性低，一个节点故障，将会造成全网瘫痪，因此维护困难，对分支节点故障点定位较难，如图 6-2 所示。

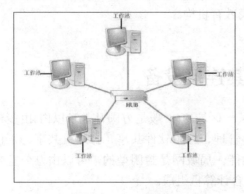

图 6-1　星形拓扑

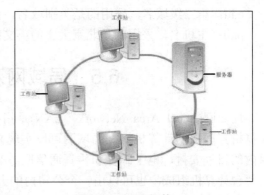

图 6-2　环形拓扑

3)　总线型结构

总线结构是各个节点由一根总线相连,数据在总线上由一个节点传向另一个节点,如图 6-3 所示。总线型结构的特点是节点加入和退出网络都非常方便,总线上某个节点出现故障也不会影响其他节点的通信,不会造成网络瘫痪,因此可靠性较高,而且结构简单、成本低,因此这种拓扑结构是局域网普遍采用的形式。

4)　树形结构

树形拓扑是一种分级结构,把所有的节点按照一定的层次关系排列起来,最顶层只有一个节点,越往下节点越多,如图 6-4 所示。在树形拓扑结构的网络中,任意两个节点之间不产生回路,这种结构的特点是通信线路总长度较短、节点易于扩充、灵活,同时成本较低,易推广,但是除了叶子节点及其相连的线路外,任一节点或其相连的线路故障都会使系统受到影响。

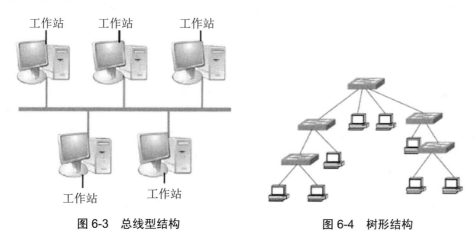

图 6-3　总线型结构　　　　　　　　图 6-4　树形结构

5)　网状拓扑结构

网状拓扑结构没有上述 4 种拓扑结构那么明显的规则,节点的连接是任意的,没有规律,如图 6-5 所示。网状拓扑系统的可靠性高,但是结构复杂,广域网中基本都采用网状拓扑结构。

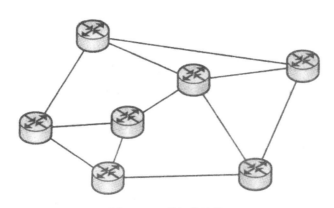

图 6-5　网状拓扑结构

6.5.3　局域网连接设备

要使多台电脑连接成局域网需要用到很多设备，下面对这些设备进行介绍。

1. 组网设备

(1) 传输介质：常用的传输介质有双绞线、同轴电缆、光缆和无线电波等。

(2) 网络接口卡：也叫网络适配器(简称网卡)，通常安装在计算机的扩展槽上，用于计算机和通信电缆的连接，使计算机之间进行高速数据传输。

(3) 集线器(Hub)：是局域网的基本连接设备。目前市场上的集线器主要有独立式、堆叠式和智能型等类型。

(4) 交换机(Switch)：交换概念的提出是对共享工作模式的改进，共享式局域网在每个时间段上只允许一个节点占用公用的通信信道，而交换机支持端口连接节点之间的多个并发连接，从而增大网络带宽，改善局域网的性能和服务质量。

(5) 无线 AP(Access Point)：无线 AP 也称为无线访问点或无线桥接器，任何一台装有无线网卡的主机通过无线 AP 都可以连接有线局域网络。无线 AP 含义较广，不仅提供单纯性的无线接入点，也同样是无线路由器等设备的统称，兼具路由、网管等功能。单纯性的无线 AP 就是一个无线交换机，工作原理是将网络信号通过双绞线传送过来，转换成无线电信号发送出去，形成无线网的覆盖。无线 AP 型号不同具有不同的功率，可以实现不同程度、不同范围的网络覆盖，一般无线 AP 的最大覆盖距离可达 300m。

2. 网络互联设备

(1) 路由器(Roter)：负责不同广域网中各局域网之间的地址查找(建立路由)、信息包翻译和交换，实现计算机网络设备与通信设备的连接和信息传递，是实现局域网与广域网互联的主要设备。

(2) 网桥(Bridge)：网桥用于实现相同类型局域网之间的互联，达到扩大局域网覆盖范围和保证各局域子网安全的目的。

(3) 调制解调器(Modem)：是 PC 通过电话线接入因特网的必备设备，具有调制和解调两种功能。调制解调器分外置与内置两种。

6.6　全球最大的网络——Internet

Internet 是由成千上万的计算机连接而成的网络组成的，覆盖范围遍布全球，应用在各个领域，本节将重点介绍 Internet。

6.6.1　Internet 概述

1. 什么是 Internet

Internet，中文正式译名为因特网，又叫作国际互联网。它是由那些使用公用语言互相通信的计算机连接而成的全球网络。一旦你连接到它的任何一个节点上，就意味着你的计

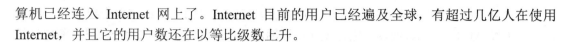

算机已经连入 Internet 网上了。Internet 目前的用户已经遍及全球，有超过几亿人在使用 Internet，并且它的用户数还在以等比级数上升。

2. Internet 的发展

1)　Internet 的雏形阶段

1969 年，美国国防部高级研究计划局(Advance Research Projects Agency，ARPA)开始建立一个命名为 ARPANET 的网络。当时建立这个网络的目的是出于军事需要，计划建立一个计算机网络，当网络中的一部分被破坏时，其余网络部分会很快建立起新的联系。人们普遍认为这就是 Internet 的雏形。

2)　Internet 的发展阶段

美国国家科学基金会(National Science Foundation，NSF)在 1985 开始建立计算机网络 NSFNET。NSF 规划建立了 15 个超级计算机中心及国家教育科研网，用于支持科研和教育的全国性规模的 NSFNET，并以此作为基础，实现同其他网络的连接。NSFNET 成为 Internet 上主要用于科研和教育的主干部分，代替了 ARPANET 的骨干地位。1989 年 MILNET(由 ARPANET 分离出来)实现和 NSFNET 连接后，就开始采用 Internet 这个名称。自此以后，其他部门的计算机网络相继并入 Internet，ARPANET 就宣告解散了。

3)　Internet 的商业化阶段

20 世纪 90 年代初，商业机构开始进入 Internet，使 Internet 开始了商业化的新进程，成为 Internet 大发展的强大推动力。1995 年，NSFNET 停止运作，Internet 已彻底商业化一直到至今。

6.6.2　Internet 的接入方式

Internet 的接入方式通常有专线连接、局域网连接、无线连接和电话拨号 4 种连接，而 ADSL 方式拨号连接对众多个人用户和小单位来说最经济、简单，是采用最多的一种接入方式。

(1)　ADSL：电话线接入 Internet 的主流技术是 ADSL，称为非对称数字用户线，非对称数字用户线是数字用户线技术中最常用、最成熟的技术，它可以在普通电话线上传输高速数字信号，通过采用新的技术在普通电话线上利用原来没有使用的传输特性，在不影响原有语音信号的基础上，扩展电话线路的功能。采用 ADSL 接入 Internet，只需要向电信部门申请 ADSL 业务，还要带有网卡的计算机和一条直拨电话线，为了将网络信号和电话语音信号分成不同的频率在同一线路上传输，需要在电话线上连接一个分频器。

(2)　ISP：ISP 是 Internet Service Provider 的缩写，即 Internet 服务供应商，ISP 一般提供的功能主要有：分配 IP 地址、网关及 DNS；提供联网软件和各种 Internet 服务、接入服务。

(3)　架设无线网需要一台无线 AP。通过 AP，装有无线网卡的计算机或天线设备就可以快速、方便地接入因特网。普通的小型办公室、家庭，有一个 AP 就已经足够，几个邻居之间也可以共享一个 AP，共同上网。几乎所有的无线网络都在某一个点上连接到有线网络中，以便访问 Internet 上的文件、服务。AP 就像一个简单的有线交换机一样，将计算机和 ADSL 或有线局域网连接起来，达到接入因特网的目的。现在市面上已经有一些产品，如无线 ADSL 调制解调器，它将无线局域网和 ADSL 的功能合二为一，只要将电话线接入无线 ADSL 调制解调器，即可享受无线网络和因特网的各种服务了。

6.6.3　Internet 的服务

1. WWW 浏览

WWW(World Wide Web)，俗称万维网，或简称 Web(全国科学技术名词审定委员会建议)。WWW 是当前 Internet 上最受欢迎、最为流行、最新的信息检索服务系统。它把 Internet 上现有资源统统连接起来，使用户能在 Internet 上已经建立了 WWW 服务器的所有站点提供超文本媒体资源文档。这是因为，WWW 能把各种类型的信息(静止图像、文本声音和音像)集成起来。WWW 不仅提供了图形界面的快速信息查找，还可以通过同样的图形界面(GUI)与 Internet 的其他服务器对接。

2. 电子邮件

电子邮件(E-mail)是 Internet 应用中最基本、最广泛的服务。一般通过通信双方的电子邮件地址，通信双方就可利用网络的电子邮件系统收发邮件，这些电子邮件可以是文字、图像、声音等各种方式。使用电子邮箱的优点：不受地理位置的限制，高速、方便、经济。

3. FTP 服务

FTP 是文件传输的最主要工具，它可以传输任何格式的数据。用 FTP 可以访问 Internet 的各种 FTP 服务器。访问 FTP 服务器有两种方式：一种是注册用户登录到服务器系统，另一种是用"隐名"(anonymous)进入服务器。

Internet 网上有许多公用的免费软件，允许用户无偿转让、复制、使用和修改。这些公用的免费软件种类繁多，从多媒体文件到普通的文本文件，从大型的 Internet 软件包到小型的应用软件和游戏软件，应有尽有。充分利用这些软件资源，能满足我们日常生活及工作中的大量需求，并提高工作效率。用户要获取 Internet 上的免费软件，可以利用文件传输服务(FTP)这个工具。FTP 是一种实时的联机服务功能，它支持将一台计算机上的文件传到另一台计算机上。工作时用户必须先登录到 FTP 服务器上。使用 FTP 几乎可以传送任何类型的文件，如文本文件、二进制可执行文件、图形文件、图像文件、声音文件、数据压缩文件等。

4. 其他服务

Internet 还有众多的其他服务，如电子公告板(BBS)、新闻、文件查询、关键字检索、菜单检索、图书查询系统、网络论坛、聊天室、网络电话、电子商务、网上购物和网上服务等。

6.7　用 IE 浏览器浏览网页

IE 浏览器是世界上使用人数最多的浏览器，也是 Windows 系统自带的浏览器，本节将对 IE 浏览器进行讲解。

6.7.1　IE 浏览器概述

IE(Internet Explorer)浏览器，是美国微软公司推出的一款网页浏览器，原称 Microsoft Internet Explorer(6 版本以前)和 Windows Internet Explorer(7、8、9、10、11 版本)，简称 IE。在 IE7 以前，中文直译为"网络探路者"，但在 IE7 以后官方便直接俗称"IE 浏览器"。

IE 浏览器的启动关闭

1)　IE 浏览器的启动。

(1)　选择【开始】|【所有程序】| Internet Explorer 命令，启动 IE。

(2)　双击桌面上的 IE 图标。

2)　IE 浏览器的关闭

(1)　单击窗口右上角的【关闭】按钮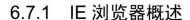。

(2)　单击 IE 窗口的最上面单击鼠标右键，弹出的快捷菜单中选择【关闭】选项。

(3)　直接按组合键 Alt + F4。

(4)　选择【文件】|【关闭】命令。

(5)　在任务栏的 IE 图标上单击鼠标右键，在弹出的快捷菜单中选择【关闭窗口】命令。

6.7.2　利用 IE 浏览器浏览网页

下面介绍如何利用 IE 浏览网页，以 IE9 浏览器为例进行讲解。

1. 输入 Web 地址

启动的浏览器，将插入点移动至地址栏内就可以输入 Web 地址，输入 Web 地址后，按 Enter 键或单击【转到】按钮 →，浏览器就会自动按着输入的地址转到相应的页面。

2. 浏览网页

进入网址页面，一般站点的第一页为该网站的首页，此时用户会发现网页上有很多链接，它们或显示不同的颜色，或有下划线，或是图片，最明显的标志是当鼠标移动到其上时光标会变成一个小手 🖑。此时单击鼠标，IE 就把你带到链接的内容上，再次单击新页面中的链接又能转到其他页面，以此类推。

6.7.3　使用搜索引擎查询信息

下面以百度搜索引擎为例来介绍如何查询信息。

(1)　启动 IE 浏览器后，在地址栏中输入地址"www.baidu.com"，如图 6-6 所示。

(2)　按 Enter 键，进入百度主页，在搜索文本框中输入需要搜索的信息，例如 "IE"。

(3)　单击【百度一下】按钮，网页会自动搜索关于"IE"的相关网页，如图 6-7 所示。

图 6-6　输入地址

图 6-7　显示搜索的内容

6.7.4　保存网页信息

1. 保存网页

保存网页的操作步骤如下。

(1) 打开要保存的 Web 页面。

(2) 选择【文件】|【另存为】命令，打开【保存网页】对话框。

(3) 选择要保存文件的盘符和文件夹，在文件名框内输入文件名。

(4) 根据需要从【网页，全部】、【Web档案，单个文件】、【网页，仅 HTML】、【文本文件】四类中选择一种保存类型，并单击【保存】按钮，如图 6-8 所示。

图 6-8　选择网页的保存类型

2. 保存部分网页内容

如果要保存网页内的部分文字信息，可以利用 Ctrl+C 组合键进行复制，按 Ctrl+V 组合键进行粘贴，具体步骤如下。

(1) 用鼠标拖动选定想要保存的页面文件。

(2) 按 Ctrl + C 组合键，将选定的内容复制到剪贴板。

(3) 打开一个空白的 Word 文档，按 Ctrl + V 组合键，将剪贴板中的内容粘贴到文档中。

(4) 保存文档。

3. 保存图片

对于网上看到的漂亮图片，有时需要将其保存到自己的电脑上，具体操作步骤如下。

(1) 在图片上单击鼠标右键，在弹出的快捷菜单中选择【图片另存为】命令。

(2) 打开【保存图片】对话框，在【保存在】下拉列表框中选择要保存的路径，并输入图片的名称，单击【保存】按钮。

💡 **注意**：对于某些网站中的图片，有禁止【另存为】选项的设置。

6.7.5 将网页添加到收藏夹

下面以百度网站为例，来介绍如何将其添加到收藏夹中。

(1) 打开百度网页。

(2) 单击 IE 浏览器上的 ☆功能按钮，打开收藏夹列表，单击【添加到收藏夹】按钮，如图 6-9 所示。

(3) 弹出【添加收藏】对话框，在【名称】文本框中输入相应的名称，在【创建位置】下拉列表框中可以选择保存的位置，设置完成后单击【添加】按钮，如图 6-10 所示。

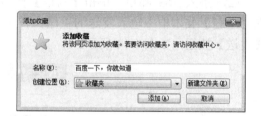

图 6-9 【收藏夹】列表框　　　　　　　　　图 6-10 【添加收藏】对话框

6.8 网上信函——电子邮件

电子邮件是一种用电子手段提供信息交换的通信方式，通过网络的电子邮件系统，用户可以以非常低廉的价格(不用邮费和纸质信件，只需耗费一点网络流量)、非常快速的方式(几秒钟之内可以发送到世界上任何指定的目的地)，与世界上任何一个角落的网络用户联系。本节以 163 邮箱来介绍电子邮件的功能和使用方法。

6.8.1 申请电子邮箱

申请 163 电子邮箱的操作步骤如下。

(1) 在 163 邮箱的登录界面中单击【注册】按钮，如图 6-11 所示。

(2) 进入注册邮箱界面，选择【注册字母邮箱】选项，在文本框中输入相应内容，如图 6-12 所示。

图 6-11　163 邮箱的登录界面

图 6-12　填写注册信息

(3)　单击【立即注册】按钮，即可注册邮箱。

6.8.2　登录电子邮箱并发送电子邮件

账号注册完成后，需要登录电子邮箱进行查看。

(1)　进入登录界面，输入账号和密码，并单击【登录】按钮，如图 6-13 所示。

(2)　进入 163 邮箱，单击【写信】按钮，在【收件人】文本框中输入收件人的地址，在【主题】文本框中输入发送的主题，在下面的文本框中输入需要发送的内容，然后单击【发送】按钮，如图 6-14 所示。

图 6-13　登录邮箱

图 6-14　发送邮件

(3)　发送完成后会弹出邮件发送成功的提示，说明发送成功。

【实例 6-1】查看并回复电子邮件

当收到邮件后，163 邮箱会显示未读的邮件图标。

(1)　登录邮箱后，会显示未读邮件图标，如图 6-15 所示。

(2)　单击未读邮件图标，查看未读的邮件信息，如图 6-16 所示。

图 6-15　显示未读邮件　　　　　　　　图 6-16　查看邮件信息

(3) 单击【回复】按钮，进入邮件的编辑状态，输入回复信息，单击【发送】按钮即可回复邮件，如图 6-17 所示。

图 6-17　回复邮件

6.9　Internet 的其他应用

Internet 除了能网上浏览信息外，还有其他的应用，包括论坛、微博、网盘等。

6.9.1　论坛

论坛(forum)，是 Internet 上的一种电子信息服务系统。它提供一块公共电子白板，每个用户都可以在上面书写，并发布信息或提出看法。论坛是一种交互性强，内容丰富而及时的 Internet 系统，用户在 BBS 站点上可以获得各种信息服务、发布信息、进行讨论以及聊天等。

论坛一般由站长(创始人)创建，并设立各级管理人员对论坛进行管理，包括论坛管理员(Administrator)、超级版主(Super Moderator，有的称"总版主")、版主(Moderator)。超级版主是低于站长的第二权限人(不过站长本身也是超级版主、超级管理员，administrator)，一般来说超级版主可以管理所有的论坛版块，普通版主只能管理特定的版块。

6.9.2　博客和微博

1. 博客

博客，仅音译，英文名为 Blog，为 Web Log 的混成词。它的正式名称为网络日志；

又音译为部落格或部落阁等，是一种通常由个人管理、不定期张贴新的文章的网站。博客上的文章通常根据张贴时间，以倒序方式由新到旧排列。许多博客专注在特定的课题上提供评论或新闻，其他则被作为比较个人的日记。一个典型的博客结合了文字、图像、其他博客或网站的链接及其他与主题相关的媒体，能够让读者以互动的方式留下意见，是许多博客的要素。大部分的博客内容以文字为主，仍有一些博客专注在艺术、摄影、视频、音乐、播客等各种主题。博客是社会媒体网络的一部分，比较著名的有新浪、网易等博客。

2. 微博

微博，微型博客(MicroBlog)的简称，是一种通过关注机制分享简短实时信息的广播式的社交网络平台。

微博是一个基于用户关系信息分享、传播以及获取的平台。用户可以通过 WEB、WAP 等各种客户端组建个人社区，以 140 字(包括标点符号)的文字更新信息，并实现即时分享。微博的关注机制分为可单向、可双向两种。微博作为一种分享和交流平台，其更注重时效性和随意性。微博更能表达出每时每刻的思想和最新动态，而博客则更偏重于梳理自己在一段时间内的所见、所闻、所感。

6.9.3 即时通信

即时通信(IM)是指能够即时发送和接收互联网消息等的业务。随着近年网络的迅速发展，即时通信功能日益丰富，它不再是一个单纯的聊天工具，而是已经发展成集交流、资讯、娱乐、搜索、电子商务、办公协作和企业客户服务等为一体的综合化信息平台。

随着移动互联网的发展，互联网即时通信也在向移动化扩张。微软、AOL、Yahoo!、UcSTAR 等重要即时通信提供商都提供通过手机接入互联网即时通信的业务，用户可以通过手机与其他已经安装了相应客户端软件的手机或电脑收发消息。

QQ 是目前使用最为普遍的通信软件；百度 Hi 具备文字消息、音视频通话、文件传输等功能，您可通过它找到志同道合的朋友，并随时与好友联络感情；另一类是企业用 IM，简称 EIM，如 E 话通、UC、EC 企业即时通信软件、UcSTAR、商务通等。

6.9.4 网上购物

网上购物，就是通过互联网检索商品信息，并通过电子订购单发出购物请求，然后通过网上支付等手段进行商品付款，再由厂商或卖家通过快递送货上门的方式实现商品交易。

6.9.5 网盘与云盘

1. 网盘

网盘，又称网络 U 盘、网络硬盘，是由互联网公司推出的在线存储服务，它向用户提供文件的存储、访问、备份、共享等文件管理功能。用户可以把网盘看成一个放在网络上的硬盘或 U 盘，不管你是在家中、单位或其他任何地方，只要你连接到因特网，你就可以管理、编辑网盘里的文件。使用网盘，用户不需要随身携带存储设备，更不怕丢失。

2. 云盘

云盘是互联网存储工具，是互联网云技术的产物，它通过互联网为企业和个人提供信息的储存、读取、下载等服务。云盘具有安全稳定、海量存储的特点。

比较知名而且好用的云盘服务商有百度云盘(百度网盘)、360 云盘、金山快盘、够快网盘、微云等，以上这些是当前比较热的云端存储服务。

6.10　计算机网络安全概述

随着互联网的飞速发展，网络安全逐渐成为一个潜伏的巨大问题。本节将对网络安全知识进行讲解。

6.10.1　计算机网络安全的定义

计算机网络安全的具体含义会随着使用者的变化而变化，使用者不同，对网络安全的认识和要求也就不同。例如从普通使用者的角度来说，可能仅仅希望个人隐私或机密信息在网络上传输时受到保护，避免被窃听、篡改和伪造即可；而网络提供商除了关心这些基本的网络信息安全外，还要考虑如何应付突发的网络攻击对网络硬件的破坏，以及在网络出现异常时如何恢复网络通信，保持网络通信的连续性。

从本质上来讲，网络安全包括组成网络系统的硬件、软件及其在网络上传输信息的安全性，使其不至于因偶然的或者恶意的攻击遭到破坏，网络安全既有技术方面的问题，也有管理方面的问题，两方面相互补充，缺一不可。人为的网络入侵和攻击行为使得网络安全面临挑战。计算机网络安全还包括计算机安全、通信安全、操作安全、访问控制、实体安全、系统安全、网络站点安全，以及安全管理和法律制裁等诸多内容。尤其涉及计算机网络信息的保密性、完整性、可用性、真实性和可控性几个方面。

6.10.2　计算机网络攻击的主要特点

计算机网络攻击主要有以下特点。

(1) 损失巨大：由于攻击和入侵的对象是网络上的计算机，所以一旦他们取得成功，就会使网络中成千上万台计算机处于瘫痪状态，从而给计算机用户造成巨大的经济损失。如美国每年因计算机犯罪而造成的经济损失就达几百亿美元，平均一起计算机犯罪案件所造成的经济损失是一般案件的几十到几百倍。

(2) 威胁国家安全：一些计算机网络攻击者出于各种目的经常把政府要害部门和军事部门的计算机作为攻击目标，从而对社会和国家安全造成威胁。

(3) 手段多样，手法隐蔽：计算机网络攻击的手段可以说五花八门。网络攻击者既可以通过监视网上数据来获取别人的保密信息，也可以通过截取别人的账号和口令堂而皇之地进入别人的计算机系统，还可以通过一些特殊的方法绕过人们精心设计好的防火墙等。这些过程都可以在很短的时间内通过任何一台联网的计算机完成，因而计算机网络攻击犯罪不留痕迹，隐蔽性很强。

(4) 以软件攻击为主：几乎所有的网络入侵都是通过对软件的截取和攻击从而破坏整个计算机系统的。它完全不同于人们在生活中所见到的对某些机器设备进行物理上的摧毁。因此，这一方面导致了计算机犯罪的隐蔽性，另一方面又要求人们对计算机的各种软件(包括计算机通信过程中的信息流)进行严格的保护。

6.10.3 计算机网络攻击的主要途径

网络入侵是指网络攻击者通过非法的手段获得非法的权限，并通过使用这些非法的权限使网络攻击者能对被攻击的主机进行非授权的操作。网络入侵的主要途径有：破译口令、IP 欺骗和 DNS 欺骗。

口令是计算机系统抵御入侵者的一种重要手段，所谓口令入侵是指使用某些合法用户的账号和口令登录到目的主机，然后再实施攻击活动。这种方法的前提是必须先得到该主机上的某个合法用户的账号，然后再进行合法用户口令的破译。获得普通用户账号的常见方法有以下一些。

(1) 利用目标主机的 Finger 功能：当用 Finger 命令查询时，主机系统会将保存的用户资料(如用户名、登录时间等)显示在终端或计算机上。

(2) 利用目标主机的 X.500 服务：有些主机没有关闭 X.500 的目录查询服务，也给攻击者提供了获得信息的一条简易途径。

(3) 从电子邮件地址中收集：有些用户电子邮件地址常会透露其在目标主机上的账号；

(4) 查看主机是否有习惯性的账号：有经验的用户都知道，很多系统会使用一些习惯性的账号，这容易造成账号的泄露。

IP 欺骗是指攻击者伪造别人的 IP 地址，让一台计算机假冒另一台计算机以达到蒙混过关的目的。它只能对某些特定的运行 TCP/IP 的计算机进行入侵，IP 欺骗利用了 TCP/IP 网络协议的脆弱性。在 TCP 的三次握手过程中，入侵者假冒被入侵主机的信任主机与被入侵主机进行连接，并对被入侵主机所信任的主机发起淹没攻击，使被信任的主机处于瘫痪状态。当主机正在进行远程服务时，网络入侵者最容易获得目标网络的信任关系，从而进行 IP 欺骗。IP 欺骗是建立在对目标网络的信任关系基础之上的。同一网络的计算机彼此都知道对方的地址，它们之间互相信任。由于这种信任关系，这些计算机彼此可以不进行地址的认证而执行远程操作。

6.10.4 计算机网络安全维护的简要措施

加强网络系统防护措施主要体现在三个方面。

(1) 引入防火墙设备，建立完善的防范入侵体系，在这个体系中，防火墙起着至关重要的作用。目前常见的防火墙有硬件和软件的区分，其中软件能够通过升级来提升防范入侵能力，硬件防火墙通过升级固件同样能够实现，但是相对于软件防火墙而言，硬件防火墙使用方法较为烦琐，使用难度较高，但性能和稳定性要比软件防火墙好。在防火墙的使用上重点是设置相关的防范策略，既要保证内部网络的正常运行，同时还要有效地防范外部病毒的入侵。

(2)　对计算机设备建立杀毒系统，根据计算机网络安全隐患不可避免性原则，当计算机出现安全入侵行为时，就需要通过计算机杀毒软件来对病毒和黑客植入的木马进行杀灭，才能够保证系统的安全和稳定。在安装计算机杀毒软件时，需要安装最新版本，同时还要注意及时升级病毒库，只有在系统中安装了最新的病毒库，才能够有效避免新型病毒的破坏。

(3)　在企业内部网络建立网络行为管理，通过对工作站安装网络行为管理软件，对计算机操作人员的工作行为进行监控，防范计算机内部数据因为人为因素出现泄密等问题。目前这种泄密方式随着商业竞争的加剧已经在不断上演，这是目前计算机网络安全防护的新动向。

6.11　计算机病毒

计算机病毒实质上是一种特殊的计算机程序，该程序是非法入侵而隐藏在计算机文档中，并具有破坏计算机功能和数据的指令或程序。

6.11.1　计算机病毒的相关概念

计算机病毒(Computer Virus)在《中华人民共和国计算机信息系统安全保护条例》中被明确定义，病毒是编制者在计算机程序中插入的破坏计算机功能或者数据，影响计算机使用并且能够自我复制的一组计算机指令或者程序代码。

计算机病毒不是天然存在的，是某些人利用计算机软件和硬件所固有的脆弱性编制的一组指令集或程序代码，它能通过某种途径潜伏在计算机的存储介质或程序里，当达到某种条件时即被激活，进而影响计算机的正常使用。计算机病毒具有破坏性、复制性、传染性、潜伏性和隐蔽性等特点。

6.11.2　计算机病毒的分类

计算机病毒的分类方式有很多，其中最权威的分类方式有以下五类。

1)　引导区型病毒

引导区型病毒会去改写磁盘上的引导扇区的内容，还可以改写硬盘上的分区表。软盘或硬盘都有可能感染病毒，用感染病毒的软盘来启动的话，则会感染硬盘。

2)　文件型病毒

文件型病毒主要感染扩展名为.com、.exe、.drv、.bin、.ovl 等可执行文件。这些病毒通常寄生在文件的首部或尾部，并修改程序的第一条指令。当染毒程序执行时就先跳转去执行病毒程序，进行传染和破坏。这类病毒只有在程序执行时，才能进入内存，一旦复合激发条件，它就发作。

3)　混合型病毒

混合型病毒集合系统型和文件型病毒的特性，此种病毒透过这两种方式来感染，增加了病毒的传染性和存活率。不管以哪种方式传染，只要中毒就会经开机或执行程序而感染其他的磁盘或文件，此种病毒也是最难杀灭的。

4) 宏病毒

宏病毒是随着微软公司 Word 文字处理软件的广泛使用和计算机网络尤其是 Internet 的推广普及，随之出现的一种病毒，这就是宏病毒。宏病毒是一种寄存于文档或模板的宏中的计算机病毒。一旦打开这样的文档，宏病毒就会被激活，然后转移到计算机上，并驻留在 Normal 模板上。从此以后，所有自动保存的文档都会"感染"上这种宏病毒，而且如果其他用户打开了感染病毒的文档，宏病毒又会转移到他的计算机上。另外，宏病毒还可衍生出各种变形变种病毒，这也使宏病毒成为威胁计算机系统的"第一杀手"。

5) 网络病毒

网络病毒大多是通过电子邮件传播的，黑客是危害计算机系统的源头之一。黑客利用通信软件，通过网络非法进入他人的计算机系统，截取或篡改数据，危害信息安全。

6.11.3　计算机病毒的防治

对于计算机病毒应做好预防和杀毒相结合的工作，防治病毒应做到以下几点。

(1) 使用新设备和新软件之前要检查。

(2) 使用反病毒软件。用户要及时升级反病毒软件的病毒库，开启病毒实时监控。

(3) 制作应急盘、急救盘、恢复盘。用户要按照反病毒软件的要求制作应急盘、急救盘、恢复盘，以便恢复系统急用。在应急盘、急救盘、恢复盘上存储有关系统的重要信息数据，如硬盘主引导区信息、引导区信息、CMOS 的设备信息等以及 DOS 系统的 COMMAND.COM 和两个隐含文件。

(4) 不要随便使用别人的软盘或光盘，尽量做到专机专盘专用。

(5) 不要使用盗版软件。

(6) 有规律地制作备份，要养成备份重要文件的习惯。

(7) 不要随便下载网上的软件，尤其是不要下载那些来自无名网站的免费软件，因为这些软件无法保证没有被病毒感染。

(8) 注意计算机有没有异常症状。

(9) 发现可疑情况及时通报以获取帮助。

(10) 扫描系统漏洞，及时更新系统补丁。

(11) 在使用移动存储设备时，应先对其进行杀毒后再使用。

(12) 浏览网页时选择正规的网站。

计算机病毒的防治宏观上讲是一系统工程，除了技术手段之外还涉及诸多因素，如法律、教育、管理制度等。以教育着手，是防治计算机病毒的重要策略。通过教育，使广大用户认识到病毒的严重危害，了解病毒的防治常识。

6.12　防火墙技术

防火墙是一种保护计算机网络安全的技术性措施，它通过在网络边界上建立相应的网络通信监控系统来隔离内部和外部网络，以阻挡来自外部的网络入侵。

6.12.1　防火墙概述

防火墙技术，最初是针对 Internet 网络不安全因素所采取的一种保护措施。顾名思义，防火墙就是用来阻挡外部不安全因素影响的内部网络屏障，其目的就是防止外部网络用户未经授权的访问。它是一种计算机硬件和软件的结合，使 Internet 与 Internet 之间建立起一个安全网关(Security Gateway)，从而保护内部网免受非法用户的侵入。防火墙主要由服务访问政策、验证工具、包过滤和应用网关 4 个部分组成，防火墙就是一个位于计算机和它所连接的网络之间的软件或硬件(其中硬件防火墙用得很少，只有国防部等地才用，因为它价格昂贵)。该计算机流入流出的所有网络通信均要经过此防火墙。

防火墙有网络防火墙和计算机防火墙的提法。网络防火墙是指在外部网络和内部网络之间设置网络防火墙，这种防火墙又称筛选路由器。网络防火墙检测进入信息的协议、目的地址、端口(网络层)及被传输的信息形式(应用层)等，滤除不符合规定的外来信息。网络防火墙也对用户网络向外部网络发出的信息进行检测。

计算机防火墙是指在外部网络和用户计算机之间设置防火墙。计算机防火墙也可以是用户计算机的一部分。计算机防火墙检测接口规程、传输协议、目的地址及或被传输的信息结构等，将不符合规定的进入信息剔除。计算机防火墙对用户计算机输出的信息进行检查，并加上相应协议层的标志，用以将信息传送到接收用户计算机(或网络)中去。

6.12.2　防火墙的作用

防火墙的主要作用如下。

(1)　防止来自被保护区域外部的攻击。在需要被保护的网络边界上设置防火墙，可以保护易受攻击的网络服务资源和客户资源。

(2)　防止信息外泄和屏蔽有害信息。防火墙可以有效地控制被保护网络与外部网络间的联系。隔离不同网络，限制安全问题扩散。

(3)　集中安全管理。通过配置，防火墙可以强化网络安全策略，将局域网的安全管理集中在一起，便于统一管理和执行安全政策。

(4)　安全审计和警告。防火墙能够对网络存取访问进行监控，这样能够及时有效地记录由防火墙监控的网络活动，并能及时发现和强化私有权。

(5)　增强保密性和强化私有权。

(6)　访问控制和其他安全作用等。由于防火墙嵌设了网络边界和服务，因此更适合于相对立的网络，例如 Internet 等种类相对集中的网络。防火墙正在成为控制对网络系统访问的非常流行的方法。

6.12.3　防火墙的关键技术

防火墙技术是一种用来加强网络之间访问控制，防止外部网络用户以非法手段通过外部网络进入内部网络而访问内部网络资源，来保护内部网络操作环境的特殊网络互联设备。它对两个或多个网络之间传输的数据包(如链接方式)，按照一定的安全策略来实施检查，以决定网络之间的通信是否被允许，并监视网络运行状态。防火墙技术是非常有效的网络安全技术，它防止来自 Internet 的危险内容传播到内部网络，它主要用以限制数据从一个特别控制点进入，防止入侵者接近网络中的其他防御措施，并限制数据从一个控制点离开。防火墙常常被安置在受保护的内部网络连接到 Internet 的点上，将内部网络与 Internet 隔离开。所有来自 Internet 的传输信息或从内部网络发出的传输信息都要穿过防火墙，因此防火墙可以分析这些传输信息，通过检查、筛选、过滤和屏蔽信息流中的有害服务，防止对计算机系统进行蓄意破坏，以确保它们符合节点设定的安全策略。

设置防火墙的要素有以下两点。

(1) 网络策略。影响 Firewall 系统设计、安装和使用的网络策略可分为两级，高级的网络策略定义允许和禁止服务以及如何使用服务，低级的网络策略描述 Firewall 如何限制和过滤在高级策略中定义的服务。

(2) 服务访问策略：服务访问策略集中在 Internet 访问服务以及外部网络访问。

6.12.4 防火墙的基本类型

防火墙的基本类型可以分为以下几种。

1) 分组过滤型防火墙

分组过滤是最简单的防火墙。数据分组过滤或包过滤，就是在网络中适当的位置，依据系统内设置的过滤规则，对数据包实施有选择的通过，包过滤原理和技术可以认为是各种网络防火墙的基础构件，防火墙经常利用包过滤路由器进行对 IP 包过滤的工作，称为包过滤路由器。包过滤网关在收到数据包后，先扫描报文头，检查报文头中的类型(TCP、UDP 等)源 IP 地址、目的 IP 地址和目的 TCP/UDP 端口等域，然后将安全规则库中的规则应用到该报文头上，以决定是转发出去还是丢弃。管理员可以根据自己的安全规则来配置路由器。数据包过滤的优点有：一个数据包过滤路由器能协助保护整个网络；数据包过滤不要求任何自定义软件或客户机配置；许多路由器可以做数据包过滤。虽然数据包过滤有许多优点，但它也存在一些不足：当前的过滤工具不是完美的；一些协议不适合于数据包过滤；正常的数据包过滤路由器无法执行某些策略。

2) 应用代理型防火墙

应用代理型防火墙是内部网与外部网的隔离点，起着监视和隔绝应用层通信流的作用。代理服务是运行在防火墙主机上的专门的应用程序或服务器程序，这些程序根据安全策略接受用户对网络服务的请求并将它们转发到实际的服务中。由于代理提供替代连接并充当服务的网关，因而，代理有时被称为应用级网关。代理服务不允许通信直接经过外部网和内部网，所以跨越防火墙的网络通信链路分为两段：外部主机和代理服务器主机之间的连接，以及代理服务器主机和内部主机之间的连接。代理服务器检查来自代理客户的请求，根据安全策略认可和否认这些请求。代理服务器不仅仅能够传送用户的请求到真正的网络主机，代理服务器还能够控制用户能做什么，根据安全策略，请求可以被允许或拒绝。使用代理服务的优点：代理服务允许用户直接的使用网络服务；代理服务器能够优化日志服务。使用代理服务同时也存在着一些缺点：代理服务落后于非代理服务；对于每项服务代理可能要求不同的服务器；代理服务通常要求对客户、过程之一或对两者同时进行限制；代理服务对于一些服务是不适用的；代理服务不能保护所有协议的弱点。

3)　复合型防火墙

复合型防火墙将数据包过滤和代理服务结合在一起使用，从而实现了网络安全性、性能和透明度的优势互补。随着技术的发展，防火墙产品还在不断完善、发展，目前出现的新技术类型主要有以下几种：状态监视技术、安全操作系统、自适应代理技术、实时侵入检测系统等。混合使用数据包过滤技术、代理服务技术和其他一些新技术或许是未来防火墙的趋势。

6.12.5　防火墙的局限性

防火墙有以下局限性和不足。

(1)　防火墙可以阻断攻击，但不能消灭攻击源。

(2)　防火墙不能抵抗最新的未设置策略的攻击漏洞。

(3)　防火墙的并发连接数据限制容易导致拥塞或溢出。

(4)　防火墙对服务器合法开放的端口的攻击大多无法阻挡。

(5)　防火墙对待内部主动发起连接的攻击一般无法阻止。

(6)　防火墙本身也会出现问题和受到攻击。

(7)　防火墙不处理病毒。

6.13　小型案例实训

下面通过两个案例对本章节的内容进行讲解。

6.13.1　查询火车票信息

本例通过网络查询火车票信息来讲解如何利用 IE 浏览器浏览网页，利用 Internet 查询火车票信息的具体操作步骤如下。

(1)　启动 IE 浏览器，在地址栏中输入"www.12306.cn"，进入"铁路客户服务中心"官方主页，在该页面的左侧单击【余票查询】链接，如图 6-18 所示。

图 6-18　单击【余票查询】链接

(2) 进入查询页面，在出发地、目的地、日期栏中输入相应的内容，单击【查询】按钮，将显示查询的内容，如图 6-19 所示。

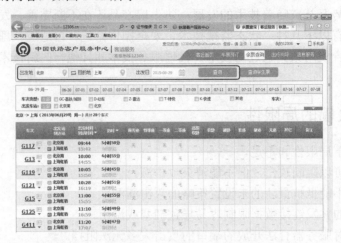

图 6-19　显示查询信息

6.13.2　金山毒霸的安装与使用

下面介绍金山毒霸杀毒软件的安装与使用，具体步骤如下。

(1) 首先下载金山毒霸安装软件。

(2) 双击金山毒霸安装软件，此时会弹出安装界面，单击【安装路径】按钮，可以设置对象安装的路径，并单击【开始安装】按钮，如图 6-20 所示。

(3) 系统会自动安装金山毒霸软件。

(4) 系统安装完成后会进入金山毒霸的主界面，单击【一键云查杀】按钮，查询病毒，如图 6-21 所示。

图 6-20　金山毒霸的安装界面

图 6-21　金山毒霸主界面

(5) 查杀完成后，单击【立即处理】按钮，即可将查杀的病毒进行处理，如图 6-22 所示。

图 6-22　显示查询的内容

6.14　本 章 小 结

　　计算机网络是以互联、共享为目的连接起来的计算机系统，而计算机病毒是人为编写的一段程序代码或指令集合。随着网络的发展，像病毒、应用软件(QQ、电子邮件、论坛)等由此而生。本章所讲解的内容也是围绕这些内容进行讲解的，具体内容包括以下四个部分。

　　第一部分主要讲解计算机网络概述、组成、功能和分类。

　　第二部分主要讲解计算机网络的知识，包括网络协议、主机地址、域名、局域网设置等。

　　第三部分主要讲解 Internet 和应用软件的知识。对于 Internet 主要讲解了 Internet 的概述、服务和应用；对于应用软件主要讲解了 IE、电子邮件的使用方法等。

　　第四部分主要讲解计算机安全技术，包括计算机网络安全、计算机病毒、防火墙技术。

习　　题

一、填空题

1. 计算机网络分为三种: ＿＿＿＿＿、＿＿＿＿＿、＿＿＿＿＿。

2. 常见的局域网拓扑结构有＿＿＿＿＿、＿＿＿＿＿、＿＿＿＿＿、＿＿＿＿＿、＿＿＿＿＿。

3. Internet 的接入方式通常有＿＿＿＿＿、＿＿＿＿＿、＿＿＿＿＿、＿＿＿＿＿4种。

4. 实现局域网与广域网互联的主要设备是＿＿＿＿＿。

二、选择题

1. 通信距离通常为几百米到几千米的是(　　)。

　　A. 局域网　　　　　B. 广域网　　　　　　C. 城域网　　　　　　D. 万维网

2. 中国网络的第一级域名是 (　　)。

　　A. cn　　　　　　　B. com　　　　　　　C. zg　　　　　　　　D. zy

3. 商业结构的域名代码是(   )。

    A. cn   B. com   C. gov   D. int

4. IE 浏览器收藏夹是用来(   )。

    A. 收集感兴趣的页面地址   B. 记忆感兴趣的页面内容

    C. 收集感兴趣的文件内容   D. 收集感兴趣的文件名

5. 在 Internet 中完成从域名到 IP 地址的服务是(   )。

    A. FTP   B. DNS   C. WWW   D. ADSL

三、操作题

1. 申请自己的邮箱，并发送内容到邮箱 gibgzx@163. com。

2. 打开"凤凰新闻"网，地址为 http://news. ifeng. com/，任意打开一条新闻，并将其保存到指定文件夹。

第 7 章

常用工具软件的使用

本章要点：

- 暴风影音 5 播放软件的使用。
- 迅雷 7 下载软件的使用。
- ACDSee 18 图片浏览软件的使用。
- Adobe Reader PDF 阅读软件的使用。
- WinRAR 压缩软件的使用。

学习目标：

- 掌握常用工具软件的使用方法。
- 通过本章的学习，能够举一反三地掌握其他软件的使用方法。

7.1 多媒体播放软件

在 PC 上用于多媒体播放的软件很多，而暴风影音是目前使用非常广泛的播放软件。

7.1.1 暴风影音 5 的功能特点

暴风影音通过自动侦测用户的电脑硬件配置、自动匹配相应的解码器、渲染链自动调整对硬件的支持。

它提供和升级了系统对常见绝大多数影音文件和流的支持，包括 RealMedia、QuickTime、MPEG2、MPEG4(ASP/AVC)、VP3/6/7.Indeo、FLV 等流行视频格式；AC3、DTS、LPCM、AAC、OGG、MPC、APE、FLAC、TTA、WV 等流行音频格式；3GP、Matroska、MP4、OGM、PMP、XVD 等媒体封装及字幕支持等。配合 Windows Media Player 最新版本可完成当前大多数流行影音文件、流媒体、影碟等的播放而无须其他任何专用软件。

暴风影音采用 NSIS 封装，为标准的 Windows 安装程序，特点是单文件多语种(简体中文+英文)，具有稳定灵活的安装、卸载、维护和修复功能，并对集成的解码器组合进行了尽可能的优化和兼容性调整，适合普通的大多数以多媒体欣赏或简单制作为主要使用需求的用户和菜鸟用户；而对于经验丰富或有较专业的多媒体制作需求的用户，建议自行安装适合需求的独立工具，而不是使用集成的通用解码包。

7.1.2 暴风影音 5 的下载、启动及屏幕介绍

1. 暴风影音 5 的下载

(1) 启动 IE 浏览器，在地址栏中输入"www.baofeng.com"，进入暴风影音官方主页，单击【暴风影音下载】按钮，在其下拉列表中选择【正式版下载】，如图 7-1 所示。

(2) 浏览器会自动弹出一个对话框，设置保存位置，然后单击【下载】按钮。

图 7-1　下载暴风影音软件

(3)　下载完成后，对软件进行安装。

提示：和大多数软件相似，只要进入其官方网站就能找到软件的下载页面。

2. 暴风影音的启动

启动暴风影音有以下几种方法。

(1)　选择【开始】|【所有程序】|【暴风软件】|【暴风影音 5】命令。

(2)　双击桌面上的【暴风影音】快捷方式图标。

(3)　单击任务栏中的快速启动图标。

3. 暴风影音 5 主界面介绍

标准的暴风影音 5 的主界面如图 7-2 所示。

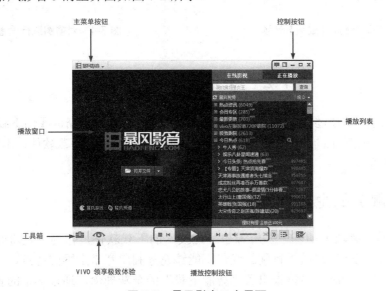

图 7-2　暴风影音 5 主界面

7.1.3　暴风影音 5 的操作技巧

1. 添加字幕

字幕文件通常有两种形式：一种是 srt 文件，另一种是 idx 和 sub 文件。下载 srt 文件后，把电影文件和它的 srt 文件放在同一个文件夹里，将电影文件的文件名和 srt 文件的文件名改成同一名字，完成后即可观看了。

2. 截图

利用暴风影音截图的操作步骤如下。

(1)　使用暴风影音播放电影时，单击面板底部的【工具箱】图标，在弹出的对话框中选择【截图】选项，如图 7-3 所示。

(2)　软件运行后会将截图自动保存到默认的文件夹下。

(3)　还可以对截图进行设置，单击【主菜单】按钮，在弹出的下拉菜单中选择【高级选项】命令，弹出【高级选项】对话框，切换到【常规设置】选项卡，在【截图设置】界面中可以对截图进行设置，如图 7-4 所示。

图 7-3 选择【截图】选项

图 7-4 对截图进行设置

7.2 下载工具软件

下载软件程序是通过 HTTP、FTP、ed2k、.torrent 等协议，帮助我们下载数据(电影、软件、图片等)到电脑上的软件。迅雷是目前国内使用相对普遍的下载软件，本节将对迅雷 7 的使用进行讲述。

7.2.1 迅雷 7 的主要特点

迅雷 7 是一款新型的基于多资源超线程技术的下载软件，作为"宽带时期的下载工具"，迅雷针对宽带用户做了特别的优化，能够充分利用宽带上网的特点，带给用户高速下载的全新体验！同时，迅雷推出了"智能下载"的全新理念，通过丰富的智能提示和帮助，让用户真正享受到下载的乐趣。

迅雷 7 是迅雷公司开发的互联网下载软件。在 2010 年 8 月 12 日，迅雷新版本"迅雷 7 起航版"在北京正式公布。2010 年 10 月 12 日迅雷 7 正式版发布，迅雷由 5 直接跳到 7，Logo 换成了一只蜂鸟，代表轻、快速、小巧。在界面方面，提供了华丽的外观，用户可以自由的切换配色方案或者自定义自己的个性化配色，甚至可以自由的拖放入一张自己的图片，而迅雷 7 会自动提取背景图特征色的方式让整个界面的风格保持一致。

7.2.2 迅雷 7 的安装和启动

下面介绍迅雷 7 软件的安装、启动。

1. 迅雷 7 的安装

迅雷 7 的安装步骤如下。

(1) 下载迅雷 7 安装软件包。

(2) 双击迅雷 7 安装软件，弹出迅雷 7 安装界面，用户可以选择【快速安装】，也可以选择【自定义安装】。这里我们选择【快速安装】，如图 7-5 所示。

(3)　安装完成后，如弹出提示对话框，然后将其关闭即完成安装。

2．迅雷 7 的启动

启动迅雷 7 有以下几种方法。

(1)　选择【开始】|【所有程序】|【暴风软件】|【迅雷 7】|【启动迅雷 7】命令。

(2)　双击桌面上的【迅雷 7】快捷方式图标。

(3)　单击任务栏中的快速启动图标 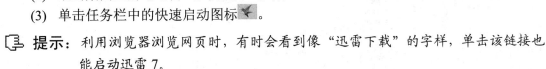。

图 7-5　选择【快速安装】

提示：利用浏览器浏览网页时，有时会看到像"迅雷下载"的字样，单击该链接也能启动迅雷 7。

7.2.3　迅雷 7 的参数设置

迅雷 7 的参数设置一般是指迅雷下载速度参数的设置，下面将介绍如何更改迅雷的下载参数。

(1)　在迅雷 7 主界面中单击【配置】按钮 ⚙ 。

(2)　弹出【系统设置】对话框，切换到【基本设置】选项卡，在【下载】选项设置界面的【同时下载的最大任务数】下拉列表框中可以设置下载的最大任务数值。在【下载模式】选项组中可以选中【下载优先】、【网速保护】或【自定义】单选按钮，如图 7-6 所示。

(3)　选中【自定义】单选按钮，会在文本框中显示"限速时间段、最大下载速度、最大上传速度"，需要对其进行修改的话，可以单击【修改配置】按钮，弹出【自定义模式】对话框，将【最大下载速度】和【最大上传速度】都设为 200KB/s，单击两次【确定】按钮，完成设置，如图 7-7 所示。

图 7-6　【系统设置】对话框

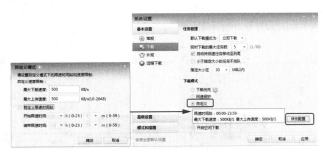

图 7-7　修改下载速度配置

7.2.4　使用迅雷 7 下载文件

利用迅雷下载文件的方法有很多种，下面我们来介绍如何利用迅雷种子下载文件。

(1) 启动迅雷 7 软件，在主界面中单击【新建】按钮，弹出【新建任务】对话框。

(2) 将迅雷的种子复制到该对话框的文本框中，此时会显示种子的信息及默认的下载地址，然后单击【立即下载】按钮即可，如图 7-8 所示。

图 7-8　下载界面

7.2.5　管理下载文件

文件下载完成后需要对其进行管理和操作。

1. 运行

软件下载完成后，可以在【已完成】列表中查看下载的文件，如果是安装软件，可以单击【运行】按钮，在迅雷软件中直接运行该软件进行安装。

2. 目录

在【已完成】列表中选择某一文件，然后单击【目录】按钮，系统会自动打开该文件存放的根目录，如图 7-9 所示。

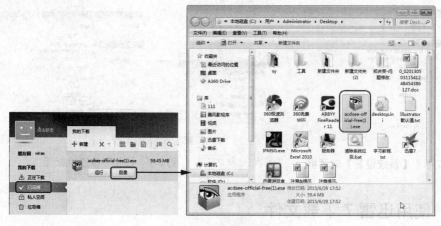

图 7-9　打开根目录

3. 删除

在【已完成】列表中选择需要删除的文件，单击鼠标右键，在弹出的快捷菜单中选择【删除任务】和【彻底删除任务】命令。

(1)　【删除任务】：表示文件只在迅雷列表中删除，下载的文件还保存在根目录中。

(2)　【彻底删除任务】：当选择该命令时，会弹出【删除】对话框，当选中【同时删除文件】复选框时，下载到目录中的文件会被彻底删除；如果取消选中该复选框，会保留根目录中的文件，只是在迅雷列表中删除。

7.3　图片浏览软件

本节将介绍 ACDSee 18 图片浏览软件的使用方法。

7.3.1　ACDSee 的功能特点

ACDSee 是使用最为广泛的看图工具软件之一，大多数电脑爱好者都使用它来浏览图片，它具有以下几个特点。

(1)　支持性强，能打开包括 ICO、PNG、XBM 在内的 20 余种图像格式，并且能够高品质地快速显示它们，甚至近年在互联网上十分流行的动画图像档案都可以利用 ACDSee 来欣赏。

(2)　与其他图像观赏器比较，ACDSee 打开图像档案的速度无疑是相对更快的。

(3)　与其他看图工具相比，ACDSee 功能强大，支持格式最全，版本较多，能满足不同人的需求。不过，它对系统的要求也比较高。

7.3.2　ACDSee 18 的安装和启动

1. ACDSee 18 的安装

(1)　软件下载完成后，对安装软件进行双击，此时软件会自动解压，解压完成后弹出【ACDSee18-Installshield 向导】对话框，如图 7-10 所示。

(2)　单击【下一步】按钮，弹出【许可协议】界面，选中【我接受该许可证协议中的条款】单选按钮，如图 7-11 所示。

图 7-10　【ACDSee18-Installshield 向导】对话框

图 7-11　【许可协议】界面

(3) 单击【下一步】按钮，弹出【安装类型】界面，选中【完整】单选按钮，如图 7-12 所示。

(4) 单击【下一步】按钮，弹出【外部程序集成安装程序】界面，选中【全部】单选按钮，然后单击【下一步】按钮，如图 7-13 所示。

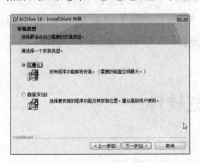
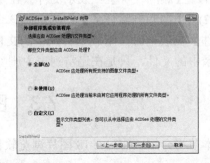

图 7-12　【安装类型】界面　　　　　图 7-13　【外部程序集成安装程序】界面

(5) 弹出【已做好安装程序的准备】界面，取消选中所有复选框，单击【下一步】按钮，如图 7-14 所示。

(6) 系统进入自动安装状态。软件安装完成后，会弹出安装完成提示对话框，单击【完成】按钮即可，如图 7-15 所示。

图 7-14　取消选中所有复选框　　　　　图 7-15　提示软件安装完成

2. ACDSee 18 的启动

启动 ACDSee 18 有以下几种方法。

(1) 选择【开始】|【所有程序】| ACD Sytems | ACDSee18 命令。

(2) 双击桌面上的 ACDSee 18 快捷方式图标。

(3) 单击任务栏中的快速启动图标 。

7.3.3　ACDSee 18 的基本功能

ACDSee 18 是目前的最新版本，它可以一站式为您管理计算机中的图片和您拍摄的照片，具有查看、处理、编辑、组织、归类、发布和压缩相片的功能。其主要功能介绍如下。

(1) 快速浏览照片无须单独的库。它能同步文件夹或网络存储空间或移动硬盘资源至在线系统和 ACDSee 云。

(2) 快速预览数千张照片。

(3) 查看、管理和编辑各种图像格式、声音和视频，包括 BMP、GIF、JPG、PNG、PSD、MP3、MPEG、TIFF、WAV 等。

(4) 支持全屏浏览，图片细节一览无余。

(5) 支持数码相机常见的 RAW 文件格式。

(6) 静态图像降噪功能，还原照片真实细节。

(7) 具有功能强大的开发工具，如减轻红眼工具。

(8) 超过 20 个特效滤镜，包括拼贴照片效果。

7.4　QQ 聊天

腾讯 QQ(简称"QQ")是腾讯公司开发的一款基于 Internet 的即时通信(IM)软件。腾讯 QQ 支持在线聊天、视频通话、文件传送、QQ 邮箱等多种功能，并可与多种通信终端相连。

7.4.1　注册 QQ 号码

使用 QQ 聊天必须有属于自己的 QQ 号码，下面介绍注册 QQ 号码的操作步骤。

(1) 安装 QQ 软件后，打开登录器，单击【注册账号】链接，如图 7-16 所示。

(2) 进入 QQ 注册网页，根据网页的要求输入相应的申请 QQ 信息，并单击【立即注册】按钮，如图 7-17 所示。

图 7-16　单击【注册账号】链接

图 7-17　注册

(3) 进入下一个页面，系统随机给出申请的 QQ 号码，如图 7-18 所示。

图 7-18　显示申请的号码

7.4.2 登录 QQ 并设置个人信息

注册 QQ 号完成后，需要将其登录并设置个人信息，具体操作步骤如下。

(1) 在登录器输入相应的 QQ 号码和 QQ 密码，并单击【登录】按钮，如图 7-19 所示。

(2) 在 QQ 面板的头像位置，单击鼠标右键，在弹出的快捷菜单中选择【修改个人资料】命令，如图 7-20 所示。

(3) 弹出一个对话框，单击【编辑资料】按钮，在打开的界面中输入相应的信息，单击【保存】按钮即可将个人资料进行修改保存，如图 7-21 所示。

图 7-19　登录 QQ　　　　图 7-20　选择【修改个人资料】命令　　　图 7-21　修改个人资料

7.4.3 添加亲友的 QQ 号码

添加 QQ 号码的操作步骤如下。

(1) 在 QQ 面板的底部单击【查找】按钮。

(2) 弹出【查找】对话框，选择【找人】选项卡，并在文本框中输入相应的 QQ 号码，并单击【查找】按钮，如图 7-22 所示。

(3) 显示查找的 QQ，单击【+好友】按钮，如图 7-23 所示。

(4) 弹出【添加好友】对话框，设置【备注姓名】和【分组】，单击【下一步】按钮，如图 7-24 所示。

图 7-22　查找 QQ 号码　　　　图 7-23　【+好友】按钮　　　图 7-24　添加好友对话框

(5) 在弹出的对话框中显示是否添加完成，单击【完成】按钮。

7.4.4　发送与接收文件

QQ 另一个巨大的功能是能接收和发送文件。

(1) 打开需要接收的人的聊天界面，在该界面中单击【传送文件】按钮 ，在弹出的下拉菜单中选择【发送文件/文件夹】命令，如图 7-25 所示。

图 7-25　选择【发送文件/文件夹】命令

(2) 弹出【选择文件/文件夹】对话框，选择相应的文件，单击【发送】按钮。

(3) 在聊天的右侧的文本框中显示传送文件，如果对方没有及时接收，还可以选择【转离线发送】按钮。

(4) 在接收文件时，可以选择【接收】、【另存为】或【取消】按钮，单击【接收】按钮会保存到默认文件夹，单击【另存为】按钮将文件夹另存为指定的文件中，单击【取消】按钮则取消接收。

【实例 7-1】与朋友聊天

本例将介绍如何使用 QQ 软件进行聊天。

(1) 在 QQ 面板的好友列表中双击好友。

(2) 打开该好友的聊天对话框，在其下方的文本框中直接输入文字，并单击【发送】按钮，或使用 Enter 键或 Ctrl+Enter 组合键即可发送消息，如图 7-26 所示。

图 7-26　QQ 聊天对话框

7.5　PDF 文件阅读软件

本节将介绍 PDF 文件阅读软件 Adobe Reader 软件的使用方法。

7.5.1　Adobe Reader 简介

Adobe Reader(也被称为 Acrobat Reader)是美国 Adobe 公司开发的一款优秀的 PDF 文

件阅读软件。文档的撰写者可以向任何人分发自己制作(通过 Adobe Acrobat 制作)的 PDF 文档而不用担心被恶意篡改。

Adobe Reader 是用于打开和使用在 Adobe Acrobat 中创建的 Adobe PDF 的工具。虽然无法在 Reader 中创建 PDF，但是可以使用 Reader 查看、打印和管理 PDF。在 Reader 中打开 PDF 后，可以使用多种工具快速查找信息。如果您收到一个 PDF 表单，则可以在线填写并以电子方式提交；如果收到审阅 PDF 的邀请，则可使用注释和标记工具为其添加批注。使用 Reader 的多媒体工具可以播放 PDF 中的视频和音乐。如果 PDF 包含敏感信息，则可利用数字身份证或数字签名对文档进行签名或验证。

7.5.2 PDF 文件的特点

PDF(Portable Document Format，便携式文档格式)，是由 Adobe Systems 用于与应用程序、操作系统、硬件无关的方式进行文件交换所发展出的文件格式。PDF 文件以 PostScript 语言图像模型为基础，无论在哪种打印机上都可保证精确的颜色和准确的打印效果，即 PDF 会忠实地再现原稿的每一个字符、颜色以及图像。PDF 主要由三项技术组成。

(1) 衍生自 PostScript，用于生成和输出图形。

(2) 字形嵌入系统，可使字形随文件一起传输。

(3) 结构化的存储系统，用于绑定这些元素和任何相关内容到单个文件，带有适当的数据压缩系统。

PDF 文件使用了工业标准的压缩算法，通常比 PostScript 文件小，易于传输与储存。而且它还是页独立的，一个 PDF 文件包含一个或多个页，可以单独处理各页，特别适合多处理器系统的工作。此外，一个 PDF 文件还包含文件中所使用的 PDF 格式版本，以及文件中一些重要结构的定位信息。正是由于 PDF 文件的种种优点，它逐渐成为出版业中的新宠。

7.5.3 创建 PDF 文件

创建 PDF 文件的方法有多种，下面主要介绍最为常用的两种方法。

1. 使用 Adobe Reader 创建 PDF

启动 Adobe Reader 后，在主界面中单击【创建 PDF】选项，在弹出的【创建 PDF】对话框中添加需要创建 PDF 的文件，然后单击【转换】按钮，如图 7-27 所示。

2. 利用 Word 2010 创建 PDF

启动 Word 2010 并完成编辑后，单击【文件】按钮，在弹出的下拉菜单中选择【保存并发送】|【创建 PDF/XPS 文档】命令，在右侧单击【创建 PDF/XPS】按钮，如图 7-28 所示。弹出【发布 PDF 或 XPS】对话框，将【保存类型】设为 PDF，单击【发布】按钮，即可创建 PDF 文件。

图 7-27　利用 Adobe Reader 创建 PDF

图 7-28　利用 Word 2010 创建 PDF

7.5.4　阅读 PDF 文件

利用 Adobe Reader 软件查看 PDF 文件的操作步骤如下。

(1) 启动 Adobe Reader 软件后打开 PDF 文件。

(2) 打开文件后可以利用鼠标中键滑轮滚动或用鼠标拖动页面对文件进行查看。

(3) 如果要切换到某一页，可以在窗口的最上侧文本框中输入相应的页码，按 Enter 键就能转到相应的页面。

7.5.5　编辑 PDF 文件

在 Adobe Reader X10 之前，Adobe Reader 都只有单纯的浏览功能，而 Adobe Reader X10 在真正意义上加入了部分编辑功能，在一定程度上可以对 PDF 文档进行编辑。

1. 加注释

利用 Adobe Reader 打开 PDF 文件，选择一段文字，再单击鼠标右键，在弹出的快捷菜单中选择【添加附注至替换文本】或【添加附注到文本】命令。如果选择【添加附注至替换文本】命令，此时选择的文本上会添加删除线，如图 7-29(a)所示。如果选择【添加附注到文本】命令，此时选择的文本会高亮显示，如图 7-29(b)所示。

(a)　　　　　　　　　　　　　　　(b)

图 7-29　添加注释

2. 加高亮

选择一段文字，单击鼠标右键，在弹出的快捷菜单中选择【高亮文本】命令，此时文本会高亮显示。

3. PDF 转换为文本文档

选择【文件】|【另存为其他】|【文本】命令，弹出【另存为】对话框，单击【保存】

按钮即可将 PDF 转换成 TXT 文件。

7.6 压缩与解压软件

在众多的压缩软件中，WinRAR 是最为常用的压缩软件，本节将对 WinRAR 进行介绍。

7.6.1 WinRAR 软件的特点

WinRAR 是一款功能强大的压缩包管理器，该软件可用于备份数据，缩减电子邮件附件的大小，解压缩从 Internet 上下载的 RAR、ZIP 及其他类型文件，并且可以新建 RAR 及 ZIP 等格式的压缩类文件。WinRAR 软件具有以下特点。

(1) WinRAR 内置程序可以解开 CAB、ARJ、LZH、TAR、GZ、ACE、UUE、BZ2、JAR、ISO、Z 和 7Z 等多种类型的档案文件、镜像文件和 TAR 组合型文件。

(2) WinRAR 具有历史记录和收藏夹功能。

(3) 新的压缩和加密算法，压缩率进一步提高，而资源占用相对较少，并可针对不同的需要保存不同的压缩配置。

(4) 固定压缩和多卷自释放压缩以及针对文本类、多媒体类和 PE 类文件的优化算法是大多数压缩工具所不具备的。

(5) 使用非常简单方便，配置选项也不多，仅在资源管理器中就可以完成你想做的工作。

(6) 对于 ZIP 和 RAR 的自释放档案文件，点击属性就可以轻易知道此文件的压缩属性，如果有注释，还能在属性中查看其内容。

(7) 对于 RAR 格式(含自释放)档案文件提供了独有的恢复记录和恢复卷功能，使数据安全得到更充分的保障。

7.6.2 WinRAR 软件的安装

安装 WinRAR 软件的操作步骤如下。

(1) 先下载 WinRAR 安装软件。

(2) 双击下载的 WinRAR 软件，设置安装目标文件夹，并单击【安装】按钮，如图 7-30 所示。

(3) 安装完成后，单击【完成】按钮。

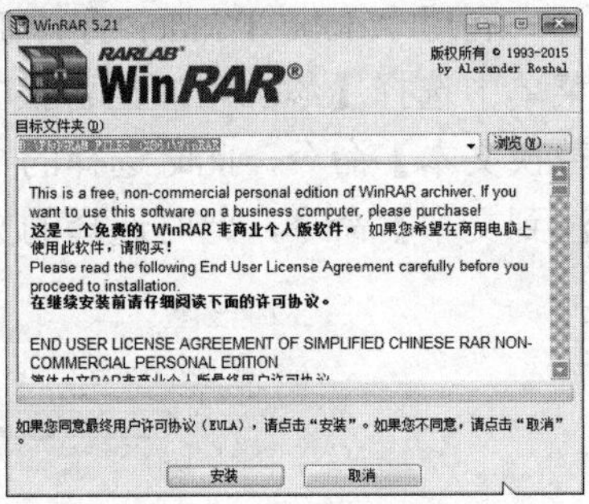

图 7-30 设置安装目标文件夹

7.6.3 使用 WinRAR 快速压缩和解压缩

1. 压缩文件

(1) 选择文件，单击鼠标右键，在弹出的快捷菜单中选择【添加到压缩文件】命令。

(2) 弹出【压缩文件名和参数】对话框，在【常规】选项卡中设置压缩文件名和压缩格式，单击【确定】按钮，即可将文件进行压缩，如图 7-31 所示。

2. 解压文件

(1) 在需要解压的文件上单击鼠标右键，在弹出的快捷菜单中选择【解压文件】命令。

(2) 弹出【解压路径和选项】对话框，设置解压的目标路径，并单击【确定】按钮，即可将文件解压，如图 7-32 所示。

图 7-31 压缩文件   图 7-32 解压文件

7.6.4 使用 WinRAR 创建自解压可执行文件

创建自解压文件的操作步骤如下。

(1) 选择需要压缩的文件夹，单击鼠标右键，在弹出的快捷菜单中选择【添加到压缩文件】命令。

(2) 弹出【压缩文件名和参数】对话框，在【常规】选项卡的【压缩选项】选项组中选中【创建自解压格式压缩文件】复选框，单击【确定】按钮，即可创建自解压文件，如图 7-33 所示。

图 7-33 创建自解压文件

7.7 小型案例实训

7.7.1 使用 Media Player 看电影

使用 Media Player 看电影的方法如下。

(1) 选择【开始】|【所有程序】| Windows Media Player 命令,如图 7-34 所示。

(2) 软件启动后,按 Ctrl+O 组合键打开文件选择窗口,选择需要播放的影片,单击【打开】按钮,系统会自动播放选择的影片,如图 7-35 所示。

图 7-34　启动 Windows Media Player 播放器　　　　图 7-35　播放电影

7.7.2　创建带密码的压缩文件

创建带密码的压缩文件的具体操作步骤如下。

(1) 选择需要压缩的文件,单击鼠标右键,在弹出的快捷菜单中选择【添加到压缩文件】命令,如图 7-36 所示。

(2) 弹出【压缩文件名和参数】对话框,在【常规】选项卡下单击【设置密码】按钮,弹出【输入密码】对话框,然后在其中输入密码,单击【确定】按钮,如图 7-37 所示。

图 7-36　选择【添加到压缩文件】命令　　　　图 7-37　设置密码

(3) 返回到【带密码压缩】对话框,单击【确定】按钮,即可创建带密码的压缩文件。

7.8　本章小结

本章主要讲解的是常用软件的使用方法和操作技巧,其中选择了 5 个常用类型软件进行详细介绍。

(1) 多媒体播放软件：主要对暴风影音 5 的特点、下载、启动和功能进行介绍。

(2) 下载工具软件：主要对迅雷 7 的特点、安装、启动进行了详细的介绍，另外还对迅雷 7 的下载参数设置和下载操作进行了详细讲解。

(3) 图片浏览软件：主要介绍了 ACDSee 18 看图软件的使用，具体内容包括软件的特点、安装、启动和基本功能及操作方法。

(4) PDF 文件阅读软件：主要对 Adobe Reader 软件进行详解，另外还详细介绍了 PDF 文件的特点、创建方法以及阅读和编辑方法。

(5) 压缩与解压软件：主要对 WinRAR 软件的特点和安装方法进行讲解，另外还介绍了如何利用 WinRAR 软件进行压缩、解压、创建自解压文件的方法。

习　题

操作题

1. 利用迅雷 7 软件在网上下载一部电影。
2. 使用暴风影音对下载好的电影进行观看，可以尝试对漂亮的画面进行截图。
3. 利用 ACDSee 18 软件对截图进行批量命名。
4. 使用 WinRAR 压缩软件将电影和图片打包压缩。
5. 登录电子邮箱将压缩的文件发送给好友。

第 8 章

项目实践

本章要点：

- 财务图表的制作。
- 学生档案持续系统的制作。
- 茶文化演示文稿的制作。

学习目标：

- 运用前面所学 Office 2010 相关知识进行统一实战演练。
- 通过实例的操作对前面讲过的知识加以巩固。

8.1 财务图表的制作

Word 2010 具有强大的数据表格编辑功能，本章节的实例就是讲解如何利用 Word 2010 制作财务图表，其中重点讲解了表格的创建、公式的使用，以及如何利用表格创建图表，并对图表进行编辑。

8.1.1 制作表格

制作表格的具体操作方法如下。

(1) 新建空白文档，插入三行空白行。

(2) 在第一行和第二行中输入"天宇集团第一季度销售额"和"单位：万元"，如图 8-1 所示。

(3) 选择第一行文字，将【字体】设为【微软雅黑】，【字号】设为【小一】，【字体颜色】设为【浅蓝】，在【段落】选项组中单击【居中】按钮；选择第二行文字，将【字体】设为【微软雅黑】，【字号】设为【五号】，【字体颜色】设为【浅蓝】，在【段落】选项组中单击【右对齐】按钮，设置好的效果如图 8-2 所示。

(4) 选择第一行和第二行文字，单击【段落】选项中的对话框启动器按钮，弹出【段落】对话框，在【缩进和间距】选项卡的【间距】选项组中将【行距】设为【最小值】，【设置值】设为【0 磅】，单击【确定】按钮，如图 8-3 所示。

| 图 8-1 输入文字 | 图 8-2 设置字体格式后的效果 | 图 8-3 设置行距 |

(5) 将光标置于第三行中，切换到【插入】选项卡，在【表格】选项组中单击【表格】按钮，在弹出的下拉列表中选择【插入表格】选项，将【列数】和【行数】分别设为8和6，单击【确定】按钮，如图 8-4 所示。

(6) 将光标置于表格的第一个单元格中，切换到【表格工具】下的【布局】选项卡，将【表格行高】和【表格列宽】分别设为【2 厘米】和【2.2 厘米】，如图 8-5 所示。

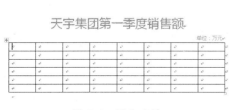

图 8-4　插入表格　　　　　　　　　　图 8-5　设置表格大小

(7) 选择如图 8-6 所示的表格，将【表格行高】设为 1 厘米。

(8) 选择第 2 列至第 4 列单元格，单击鼠标右键，在弹出的对话框中选择【平均分布各列】命令，选择所有的单元格，切换到【表格工具】下的【布局】选项卡，在【对齐方式】选项组中单击【水平居中】按钮，如图 8-7 所示。

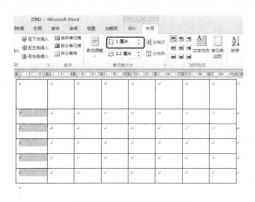

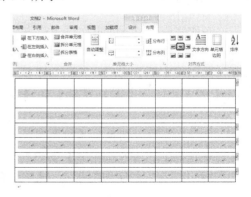

图 8-6　设置表格行高　　　　　　　　图 8-7　设置表格对齐方式

(9) 选择整个表格，切换到【表格工具】下的【设计】选项卡，单击【边框】按钮，在弹出的下拉列表中选择【边框和底纹】选项，在【边框】选项卡中，单击【无】选项，选择线条样式，将【颜色】设为【深蓝】，【宽度】设为【1 磅】，并单击外侧边的边框，如图 8-8 所示。

(10) 继续选择线条样式，将【宽度】设为【1 磅】，然后单击内边框按钮，单击【确定】按钮，如图 8-9 所示。

(11) 切换到【插入】选项卡，在【插图】选项组中单击【形状】按钮，在弹出的下拉列表中选择【直线】选项，在单元格中绘制直线，在【绘图工具】下的【格式】选项卡的【形状样式】选项组中单击【形状轮廓】按钮，在弹出的下拉列表中选择【深蓝】，将【粗细】设为【0.5 磅】，【虚线】设为【圆点】，如图 8-10 所示。

图 8-8　设置表格外边框　　　　　　　　　图 8-9　设置表格内边框

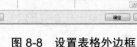

图 8-10　绘制直线

8.1.2　添加文字

表格制作完成后，下面再次对表格进行完善，对其添加文字，具体操作方法如下。

(1)　切换到【插入】选项卡，在【文本】选项组中单击【文本框】按钮，在下拉列表中选择【绘制文本框】选项，绘制文本框，在文本框中输入"品格"，在【开始】选项卡中，将【字体】设为【微软雅黑】，【字号】设为【五号】，【字体颜色】设为【浅蓝】，如图 8-11 所示。

(2)　选择文本框，切换到【绘图工具】下的【格式】选项卡，在【形状样式】选项组中将【形状填充】和【形状轮廓】都设为无，选择上一步创建的文本框，对其进行复制，并将文本框的文字修改为"时间"，调整位置，如图 8-12 所示。

图 8-11　设置文字属性　　　　　　　　　图 8-12　复制文本框

(3)　在单元格中输入文字，将【字体】设为【微软雅黑】，【字号】设为【五号】，【字体颜色】设为【浅蓝】，如图 8-13 所示。

(4)　在其他的单元格中输入文字，字体保持默认，完成后的效果如图 8-14 所示。

天宇集团第一季度销售额

单位：万元

时间\品格	TY-01	TY-02	TY-03	TY-04	TY-05	TY-06	TY-07
一月							
二月							
三月							
四月							
合计							

图 8-13　输入文字并设置格式

天宇集团第一季度销售额

单位：万元

时间\品格	TY-01	TY-02	TY-03	TY-04	TY-05	TY-06	TY-07
一月	150	200	300	250	190	180	250
二月	160	220	190	210	200	190	240
三月	230	200	210	260	230	190	180
四月	200	190	180	190	260	180	200
合计							

图 8-14　输入其他文字

8.1.3　计算表格数据

表格内容填写完成后，下面将讲解如何利用公式对表格进行计算，具体操作方法如下。

(1) 将光标置于文字合计单元格后的单元格，切换到【表格工具】下的【布局】选项卡，在【数据】选项组中单击【公式】按钮，弹出【公式】对话框，在【公式】文本框中输入"=SUM(ABOVE)"，如图 8-15 所示。

(2) 使用同样的方法，在其他的单元格中输入文字，完成后的效果如图 8-16 所示。

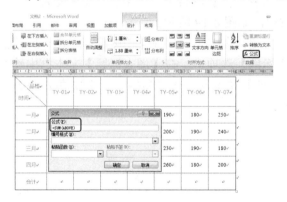

图 8-15　输入公式

天宇集团第一季度销售额

单位：万元

时间\品格	TY-01	TY-02	TY-03	TY-04	TY-05	TY-06	TY-07
一月	150	200	300	250	190	180	250
二月	160	220	190	210	200	190	240
三月	230	200	210	260	230	190	180
四月	200	190	180	190	260	180	200
合计	740	810	880	910	880	740	870

图 8-16　完成后的效果

提示：在 Word 表格中计算与在 Excel 中的计算相同。一般的计算公式可引用单元格的形式，如 "=(A2+B2)*3" 即表示第 1 列的第 2 行加第 2 列的第 2 行然后乘以 3，表格中的列数可用 A、B、C、D 等表示，行数用 1、2、3、4 等表示。利用函数可以使公式更为简单，如 "=SUM(A2: A80)" 即表示求出从第 1 列第 2 行到第 1 列第 80 行之间的数值总和。对于简单的求和计算，Word 会自动进行。

8.1.4　建立图表

整个表格制作完成后，下面讲解如何利用表格制作数据图表，具体操作方法如下。

(1) 选择所有的表格，切换到【插入】选项卡，在【文本】选项组中单击【对象】按钮□▼，在弹出的下拉列表中选择【对象】，弹出【对象】对话框，在【新建】选项卡下，将【对象类型】设为【Microsoft Graph 图表】，如图 8-17 所示。

(2) 单击【确定】按钮，创建图表，并拖动，使内容全部显示，如图 8-18 所示。

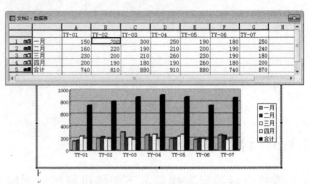

图 8-17　选择图表类型　　　　　　　　　图 8-18　调整图表

(3) 将数据表格关闭，在图表上单击鼠标右键，在弹出的快捷菜单中选择【"图表"对象】|【编辑】命令，图表进行编辑状态，进入在图表区柱形图上单击鼠标右键，在快捷菜单中选择【图表类型】命令，弹出【图表类型】对话框，选择【标准类型】选项卡，在该对话框可以设置适合的图表，在这里将【图表类型】设为【柱形图】，【子图表类型】设为【三维簇状柱形图】，单击【确定】按钮，如图 8-19 所示。

(4) 继续在图表类型空白位置单击鼠标右键，在弹出的快捷菜单中选择【图表选项】命令，弹出【图表选项】对话框，切换到【标题】选项卡，在【图表标题】文本框中输入"天宇集团第一季度销售额"，在【分类(X)轴】文本框输入"品格"，【数值(Z)轴】输入"销售额"，单击【确定】按钮，如图 8-20 所示。

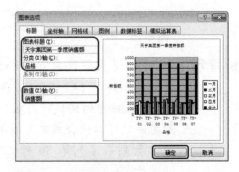

图 8-19　设置图表类型　　　　　　　图 8-20　选择【平均分布各列】选项

(5) 选择图表的标题文本框，单击鼠标右键，在弹出的快捷菜单中选择【设置图表标题格式】命令，弹出【图表标题格式】对话框，切换到【字体】选项卡，将【字体】设为【隶书】，【字号】设为 16，【颜色】设为【深蓝】，单击【确定】按钮，如图 8-21 所示。

　　（6）选择【数值轴标题】单击鼠标右键，在弹出的对话框中选择【设置坐标轴标题格式】命令，弹出【坐标轴标题格式】对话框，切换到【字体】选项卡，将【字体】设为【微软雅黑】，【字号】设为11，【颜色】设为【深蓝】，如图8-22所示。

图 8-21　设置字体格式　　　　　　　　　图 8-22　设置字体属性

　　（7）单击【确定】按钮，使用同样的方法对【分类轴标题】进行设置，完成后的效果如图8-23所示。

　　（8）在图表的背景墙上单击鼠标右键，在弹出的快捷菜单中选择【设置背景墙格式】命令，在【区域】选项组中选择【深青色】，然后单击【填充效果】按钮，弹出【填充效果】对话框，在【变形】选项组中选择如图8-24所示的渐变色，单击两次【确定】按钮。

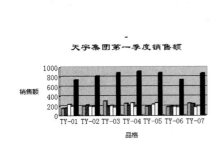

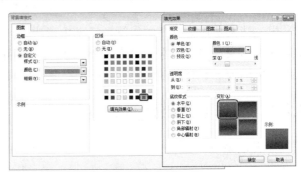

图 8-23　设置分类轴标题　　　　　　　　图 8-24　设置图表背景色

　　（9）选择【合计】数值，单击鼠标右键，在弹出的快捷菜单中选择【设置数据系列格式】命令，弹出【数据系列格式】对话框，切换到【数据标签】选项卡，选中【值】复选框，单击【确定】按钮，如图8-25所示。

图 8-25　选择【设置数据系列格式】命令

(10) 选择上一步添加的数值标签，单击鼠标右键，在弹出的快捷菜单中选择【设置数据标签格式】命令，弹出【数据标签格式】对话框，切换到【字体】选项卡，将【字号】设为 10，【颜色】设为白色，如图 8-26 所示。

图 8-26　修改字体属性

(11) 单击【确定】按钮，在空白位置单击鼠标返回到 Word 中。

8.2　建立学生档案查询系统

学生档案是指本校在学生管理活动中形成的，记录和反映学生个人经历、德才能绩、学习和工作表现的、以学生个人为单位集中保存起来以备查考的文字、表格及其他各种形式的历史记录。本节将重点讲解如何制作学生档案查询系统。

8.2.1　制作学生档案查询首页

首页是系统中必需的，本小节将讲解如何制作学生档案查询首页，具体操作方法如下。

(1) 创建空白工作簿，在工作簿底部双击 Sheet1 标签，将名称修改为"学生档案查询首页"，如图 8-27 所示。

(2) 选择 D8:K17 单元格，切换到【开始】选项卡，在【对齐方式】选项组中单击【合并后居中】按钮 ，如图 8-28 所示。

图 8-27　修改名称

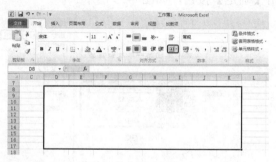

图 8-28　合并单元格

(3) 选择上一步合并的单元格，在【字体】选项组中单击对话框启动器按钮，弹出
【设置单元格格式】对话框，选择如图 8-29 所示的样条线，将【颜色】设为【紫色】，并
单击【外边框】按钮。

(4) 切换到【填充】选项卡，将【背景色】设为【橙色】，【图案颜色】设为【金
色，着色 4，深色 25%】，将【图案样式】设为【细水平剖面线】，如图 8-30 所示。

 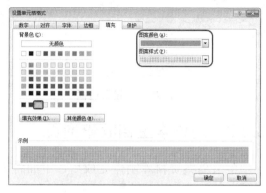

图 8-29 设置外边框　　　　　　　　图 8-30 设置填充图案

(5) 在上一步合并的单元格中输入"学生档案查询系统"，将【字体】设为【方正综
艺简体】，【字号】设为 48，选择 I19:J21 单元格，在【对齐方式】选项组中单击【合并
后居中】按钮，并在合并的单元格中输入"进入系统"，将【字体】设为【隶书】，【字
号】设为 24，【字体颜色】设为【橙色】，如图 8-31 所示。

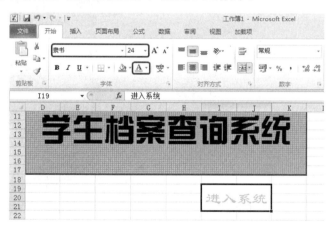

图 8-31 输入文字

(6) 选择上一步合并的单元格，在【字体】选项组中单击对话框启动器按钮，弹出
【设置单元格格式】对话框，切换到【边框】对话框，选择线条样式，将【颜色】设为
【深蓝】，并单击【外边框】按钮，如图 8-32 所示。

(7) 选择【填充】选项卡，将【背景色】设为浅蓝，将【图案颜色】设为【蓝色】，
将【图案样式】设为【细水平剖面线】，单击【确定】按钮，如图 8-33 所示。

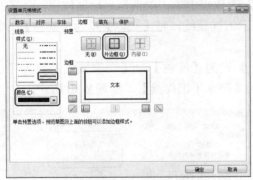

图 8-32　设置边框

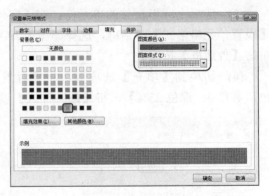

图 8-33　设置填充

8.2.2　制作学生档案查询页

学生档案资料库制作完成后，下面将讲解如何制作学生档案查询页，具体操作方法如下。

(1)　在工作簿底部双击 Sheet1 标签，并将其名称设为"学生档案查询"，如图 8-34 所示。

(2)　选择第 10～15 行单元格，单击鼠标右键，在弹出的快捷菜单中选择【行高】命令，弹出【行高】对话框，将【行高】设为 23，如图 8-35 所示。

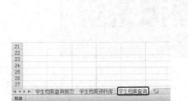

图 8-34　修改名称

图 8-35　选择【行高】命令

(3)　选择 E 列至 H 列，单击鼠标右键，在弹出的快捷菜单中选择【列宽】命令，弹出【列宽】对话框，将【列宽】设为 13，按 Ctrl+A 组合键，选择所有的单元格，在【字体】选项组中将【填充颜色】设为【浅蓝】，如图 8-36 所示。

(4)　选择 E10:H15 单元格，单击【字体】选项组中对话框启动器按钮，弹出【设置单元格格式】对话框，选择【边框】选项卡，选择如图 8-37 所示的线条样式，将【颜色】设为【白色】，并单击【外边框】和【内部】按钮。

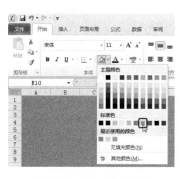

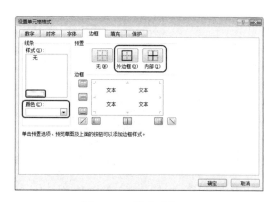

图 8-36　设置填充颜色　　　　　　　图 8-37　设置边框

(5) 单击【确定】按钮，然后选择 F10:H10 单元格，在【对齐方式】选项组中单击【合并后居中】按钮，选择 E10:H15 单元格，在【字体】选项组中将【填充颜色】设为【橙色】，如图 8-38 所示。

(6) 在上一步创建的表格中输入文字，在【字体】选项组中，将【字体】设为【微软雅黑】，【字号】设为 11，并单击【加粗】按钮 **B**，将【字体颜色】设为【深蓝】，在【对齐方式】选项组中单击【居中】按钮，完成后的效果如图 8-39 所示。

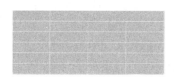

图 8-38　设置填充颜色　　　　　图 8-39　输入文字并设置效果

(7) 选择 F10:H10 单元格中输入一个学号如"DM201501"，选择 F11 单元格，在编辑栏中输入函数"=VLOOKUP(学生档案查询!F10,学生档案资料库!B3:L24,2)"，然后单击编辑栏中的【输入】按钮，确认函数的输入，如图 8-40 所示。

(8) 选择 H11 单元格，在编辑栏中输入公式"=VLOOKUP(学生档案查询!F10,学生档案资料库!B3:L24,3)"，单击【输入】按钮，完成后的效果如图 8-41 所示。

图 8-40　输入函数　　　　　　　图 8-41　在 H11 中输入公式

(9) 选择 F12 单元格，在编辑栏中输入公式"=VLOOKUP(学生档案查询!F10,学生档案资料库!B3:L24,4)"，单击【输入】按钮，完成后的效果如图 8-42 所示。

(10) 继续选择 F12 单元格，切换到【开始】选项卡，在【数字】选项组中单击【格式】按钮，在弹出的下拉列表中选择【短日期】选项，如图 8-43 所示。

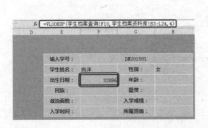

图 8-42　在 F12 中输入公式

图 8-43　选择【短日期】选项

(11) 选择 H12 单元格，在编辑栏中输入公式"=VLOOKUP(学生档案查询!F10,学生档案资料库!B3:L24,5)"，单击【输入】按钮 ✓，完成后的效果如图 8-44 所示。

(12) 使用同样的方法，选择 F13 单元格，在编辑栏中输入公式【=VLOOKUP(学生档案查询!F10,学生档案资料库!B3:L24,6)】，单击【输入】按钮 ✓。选择 H13 单元格，在编辑栏中输入公式"=VLOOKUP(学生档案查询!F10,学生档案资料库!B3:L24,7)"，单击【输入】按钮 ✓。选择 F14 单元格，在编辑栏中输入公式"=VLOOKUP(学生档案查询!F10,学生档案资料库!B3:L24,8)"，单击【输入】按钮 ✓。选择 H14 单元格，在编辑栏中输入公式"=VLOOKUP(学生档案查询!F10,学生档案资料库!B3:L24,9)"，单击【输入】按钮 ✓。选择 F15 单元格，在编辑栏中输入公式"=VLOOKUP(学生档案查询!F10,学生档案资料库!B3:L24,10)"，单击【输入】按钮 ✓，完成后的效果如图 8-45 所示。

图 8-44　在 H12 中输入公式

图 8-45　查看效果

(13) 继续选择 F15 单元格，在【开始】选项卡下的【数字】选项组中单击数字格式后的下三角按钮，在其下拉列表中选择【短日期】命令，如图 8-46 所示。

(14) 选择 H15 单元格，在编辑栏中输入公式"=VLOOKUP(学生档案查询!F10,学生档案资料库!B3:L24,11)"，单击【输入】按钮 ✓，按着 Ctrl 键选择 F11:F15、H11:H15 单元格，切换到【开始】选项卡，在【对齐方式】选项组中单击【居中】按钮，将对象居中对齐，完成后的效果如图 8-47 所示。

(15) 选择 J 列单元格，将其【列宽】设为 17，分别在 J11 和 J14 单元格中输入文字，将【字体】设为【隶书】，【字号】设为 16，【字体颜色】设为【黄色】，在【对齐方式】选项组中单击【居中】按钮，如图 8-48 所示。

(16) 确认 J11 和 J14 单元格，在【字体】选项组中单击对话框启动器按钮，弹出【设置单元格格式】对话框，切换到【边框】选项卡，选择如图 8-49 所示线条样式，将【颜色】设为【深蓝】，并单击【外边框】按钮。

图 8-46　选择【短日期】选项

图 8-47　查看效果

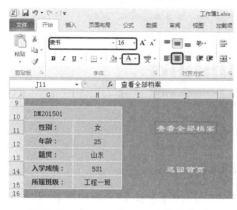

图 8-48　在 J11 和 J14 中输入文字

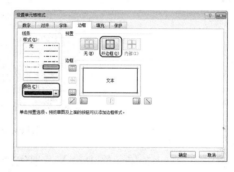

图 8-49　设置边框

(17) 切换到【填充】选项卡，将【图案颜色】设为【蓝色】，【图案样式】设为【细水平剖面线】，如图 8-50 所示。

(18) 单击【确定】按钮，查看效果如图 8-51 所示。

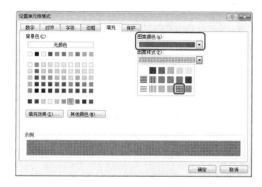

图 8-50　设置填充

图 8-51　查看效果

8.2.3 制作学生档案资料库

对于一个完成的查询系统，查询内容是必不可少的，本节将讲解学生档案资料库的创建，具体操作方法如下。

(1) 创建空白工作簿，在工作簿底部双击 Sheet2 标签，将名称修改为"学生档案资料库"。

(2) 选择 B1:L1 单元格，将其合并，选择第 1 行单元格，单击鼠标右键，在弹出的快捷菜单中选择【行高】命令，将【行高】设为 51。选择 B 列至 L 列单元格，单击鼠标右键，在弹出的快捷菜单中选择【列宽】命令，将【列宽】设为 9，单击【确定】按钮。

(3) 按 Ctrl+A 组合键选择所有的表格，切换到【开始】选项卡，在【字体】选项组中单击【填充颜色】后的下三角按钮，在弹出的下拉列表中选择【浅蓝】，如图 8-52 所示。

图 8-52 设置填充色

(4) 在 B1:L1 单元格中输入"学生档案资料库"，在【字体】选项组中将【字体】设为【方正综艺简体】，【字号】设为 36，【字体颜色】设为【白色】，选择第 2 行单元格，将其【行高】设为 20，如图 8-53 所示。

(5) 选择 B2:L24 单元格，切换到【开始】选项卡，在【字体】选项组中单击对话框启动器按钮，弹出【设置单元格格式】对话框，切换到【边框】选项卡，选择线条样式，并单击【外边框】和【内部】按钮，如图 8-54 所示。

图 8-53 设置后的效果

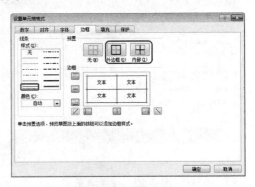

图 8-54 设置边框

(6) 单击【确定】按钮，在 B2:L2 单元格中输入文字，在【开始】选项卡下的【字体】选项组中将【字体】设为【微软雅黑】，【字号】设为 10，【填充颜色】设为【蓝色】，【字体颜色】设为【白色】，然后在【对齐方式】选项组中单击【居中】按钮，效果如图 8-55 所示。

(7) 选择 B3:L24 单元格并在其内输入文字，将【字体】设为【微软雅黑】，【字号】设为 9，【填充颜色】设为【蓝色，着色 1，淡色 40%】，【字体颜色】设为【深蓝】，在【对齐方式】选项组中单击【居中】按钮，如图 8-56 所示。

图 8-55 设置文字属性

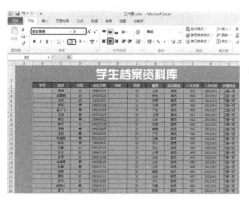

图 8-56 输入文字并设置格式

(8) 在 B3、B4 单元格中分别输入"DM201501""DM201502"，然后选择 B3:B4 单元格，并将光标置于 B4 单元格的右下角，并使指针变为十字形，按着鼠标左键进行拖动，拖至 B24 单元格，选择 F3 单元格，并在【编辑栏】中输入"=DATEDIF(E3,TODAY(),"Y")"，按 Enter 键查看效果，如图 8-57 所示。

(9) 将光标置于 F3 单元格的右下角，当指针变为十字形时，按住鼠标左键进行拖动，拖至 F24 单元格，如图 8-58 所示。

图 8-57 在 B3、B4 中输入文字

(10) 选择第 26 行单元格，将其【行高】设为 46，选择 C26:D26、F26:G26、I26:J26 单元格，在【开始】选项卡下的【对齐方式】选项组中单击【合并后居中】按钮，将其合并，在上一步合并的单元格中输入文字，将【字体】设为【隶书】，【字号】设为 24，【字体颜色】设为【橙色】，如图 8-59 所示。

(11) 继续选择上一步输入文字的单元格，在【字体】选项组中单击对话框启动器按钮，弹出【设置单元格格式】对话框，切换到【边框】选项卡，选择如图 8-60 所示的线条样式，【颜色】设为【深蓝】，并单击【外边框】按钮。

(12) 切换到【填充】选项卡，将【图案颜色】设为【蓝色】，将【图案样式】设为【细水平剖面线】，再单击【确定】按钮，如图 8-61 所示。

图 8-58　查看效果

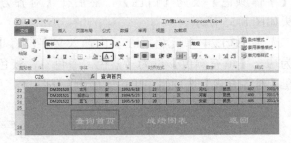

图 8-59　输入文字

图 8-60　设置边框

图 8-61　设置填充图案

8.2.4　制作学生入学成绩图表

下面将讲解学生入学成绩图表的制作，具体操作方法如下。

(1) 在工作簿底部单击【插入工作表】按钮，新建工作表名为"学生入学成绩图表"，如图 8-62 所示。

(2) 切换到"学生档案资料库"，选择 C3:C24、J3:J24 单元格，如图 8-63 所示。

图 8-62　新建工作表

图 8-63　选择合适的列

(3) 切换到【插入】选项卡，在【图表】选项组中单击【柱形图】|【簇状柱形图】按钮，选择上一步创建的图表，按 Ctrl+X 组合键返回到"学生入学成绩图表"表格中，按 Ctrl+V 组合键进行粘贴，如图 8-64 所示。

(4) 选择图表，切换到【图表工具】下的【设计】选项卡，在【图表样式】选项组中单击【其他】按钮，在弹出的下拉列表中选择【样式 8】，如图 8-65 所示。

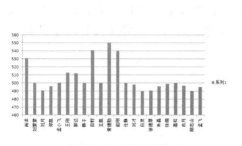

图 8-64　插入图表

图 8-65　选择样式

(5)　继续选择表格，切换至【图表工具】下的【设计】选项卡，在【图表布局】选项组中单击【其他】按钮，在弹出的下拉列表中选择【布局 5】，如图 8-66 所示。

(6)　将图表标题和坐标轴标题修改为"入学成绩"，如图 8-67 所示。

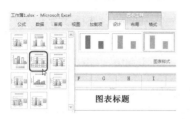

图 8-66　选择布局样式

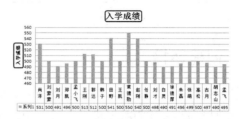

图 8-67　修改图表标题

(7)　继续选择表格，在【图表工具】下的【格式】选项卡的【形式样式】选项组中单击【其他】按钮，在弹出的下拉列表中选择【中等效果-水绿色，强调颜色 5】，如图 8-68 所示。

(8)　选择第 28 行单元格，将其【行高】设为 42，选择 F、H 列单元格，将其【列宽】设为 22，选择 F28、H28 单元格，在【字体】选项卡下单击对话框启动器按钮，弹出【设置单元格格式】对话框，切换到【边框】选项卡，选择如图 8-69 所示的线条样式，将【颜色】设为【深蓝】，并单击【外边框】按钮。

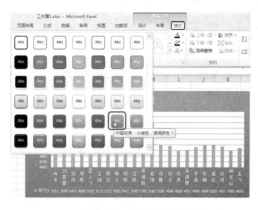

图 8-68　设置形状样式

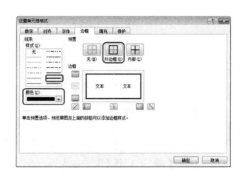

图 8-69　设置边框

(9) 切换到【填充】选项卡，将【背景色】设为【浅蓝】，将【图案颜色】设为【蓝色】，【图案样式】设为【细水平剖面线】，如图 8-70 所示。

(10) 在上一步设置的边框中输入文字，将【字体】设为【隶书】，【字号】设为 24，【字体颜色】设为【橙色】，将对齐方式设置为【居中】对齐，切换至【视图】选项卡，取消网格线的显示，如图 8-71 所示。

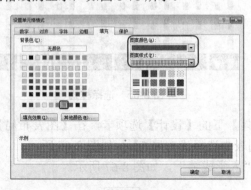

图 8-70　设置填充

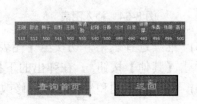

图 8-71　输入文字

8.2.5　创建链接

图表创建完成后，下面对其创建链接，具体操作方法如下。

(1) 对底部的标签的顺序进行调整，如图 8-72 所示。

(2) 切换到"学生档案查询首页"表格，切换到【开始】选项卡，在【样式】组中单击【单元格样式】按钮，在弹出的下拉列表中选择【超链接】，然后单击鼠标右键，在弹出的对话框中选择【修改】选项，如图 8-73 所示。

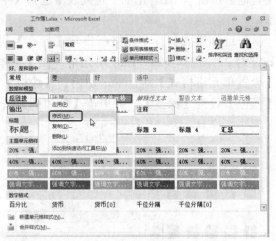

图 8-72　调整标签的顺序

图 8-73　选择【修改】选项

(3) 弹出【样式】对话框，取消选中【字体】复选框的选择，如图 8-74 所示。

(4) 单击【确定】按钮，选择 I19:J21 单元格，单击鼠标右键，在弹出的快捷菜单中选择【超链接】命令，弹出【插入链接】对话框，选择【本文档中的位置】选项，并将位置设为【学生档案查询】选项，如图 8-75 所示。

图 8-74　设置超链接

图 8-75　新建工作表

(5)　单击【确定】按钮，切换到【学生档案查询】表格，选择 J11 单元格切换到【插入】选项卡，在【链接】选项组中单击【超链接】按钮，弹出【插入超链接】对话框，选择【文本档中的位置】选项，将位置设为【学生档案资料库】，并单击【确定】按钮，如图 8-76 所示。

(6)　选择 J14 单元格，单击【超链接】按钮，弹出【插入超链接】对话框，选择【文本档中的位置】选项，将位置设为【学生档案查询首页】，并单击【确定】按钮，如图 8-77 所示。

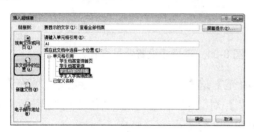

图 8-76　设置超链接位置

图 8-77　设置超链接

(7)　切换到【学生档案资料库】表格，选择 C26:D26 单元格，单击鼠标右键，在弹出的快捷菜单中选择【超链接】命令，如图 8-78 所示。

(8)　弹出【插入超链接】对话框，选择【本文档中的位置】选项，将位置设为【学生档案查询首页】，并单击【确定】按钮，如图 8-79 所示。

图 8-78　选择【超链接】选项

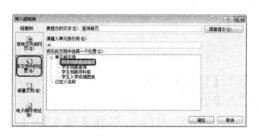

图 8-79　设置超链接

(9) 使用同样的方法，设置其他的链接，对文档中进行保存。

8.3 制作茶文化演示文稿

本例以茶文化演示文稿为例来介绍 PowerPoint 2010 的操作技术要点。

(1) 启动软件后新建空白文档，切换到【开始】选项卡，在【幻灯片】选项组中单击【版式】按钮，在其下拉列表中选择【空白】选项，如图 8-80 所示。

(2) 按 Ctrl+M 组合键，再添加 8 个幻灯片，切换到【设计】选项卡，在【背景】选项组中单击【背景样式】按钮，在弹出的下拉列表中单击【背景样式】按钮，在其下拉菜单中选择【设置背景格式】命令，如图 8-81 所示。

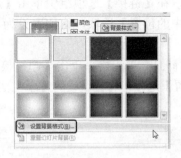

图 8-80　选择【空白】选项　　　　图 8-81　选择【设置背景格式】命令

(3) 弹出【设置背景格式】对话框，在【填充】选项卡中选中【图片或纹理填充】单选按钮，单击【文件】按钮，弹出【插入图片】对话框，选择随书附带网络资源中的"CDROM\素材\第 8 章\000.jpg"素材文件，如图 8-82 所示。

图 8-82　设置背景图片

(4) 单击【插入】按钮，返回到【设置背景格式】对话框，单击【全部应用】按钮，对所有幻灯片设置背景后的效果，如图 8-83 所示。

(5) 选择第 1 张幻灯片，选择【插入】|【形状】|【椭圆】选项，绘制椭圆，并将其【形状宽度】和【形状高度】设为 7.66 厘米，将【形状填充】和【形状轮廓】演示设为

【茶色，背景 2，深色 25%】，如图 8-84 所示。

图 8-83　设置背景后的效果　　　　　　　图 8-84　绘制椭圆

（6）单击【插入】|【图像】|【图片】按钮，弹出【插入图片】对话框，选择素材文件夹中的 010.png，将图片插入幻灯片中，并调整图片的大小，如图 8-85 所示。

（7）选择【插入】|【文本】|【文本框】|【横排文本框】选项，在文本框中输入文字，将【字体】设为【叶根友行书繁】，【字号】设为 150，【字体颜色】设为【白色，背景 1，深色 50%】，如图 8-86 所示。

图 8-85　插入素材图像　　　　　　　　图 8-86　输入文字并设置格式

（8）插入 002.png 素材图片，在【图片工具】|【格式】选项卡的【大小】选项组中将【形状高度】和【形状宽度】分别设为 5.54 厘米和 2.02 厘米，如图 8-87 所示。

（9）选择【插入】|【文本】|【文本框】|【垂直文本框】命令，在文本框中输入"中国茶文化"，将【字体】设为【隶书】，【字号】设为 24，【字体颜色】设为【白色】，如图 8-88 所示。

（10）插入文本框，在文本框中输入"之茶的种类"，【字号】设为 32，【字体颜色】设为【深红】，如图 8-89 所示。

（11）切换到第 1 张幻灯片，选择【切换】|【切换到此幻灯片】|【擦除】效果，如图 8-90 所示。

图 8-87　插入素材图片

图 8-88　输入"中国茶文化"

图 8-89　输入"之茶的种类"

图 8-90　添加【擦除】切换效果

(12) 插入 003.png 素材文件，在【图片工具】|【格式】选项卡的【大小】选项组中将【形状高度】和【形状宽度】分别设为 6.7 厘米和 7.58 厘米，如图 8-91 所示。

(13) 插入两个横排文本框，分别输入"绿"和"茶"，将【字体】设为【华文行楷】，【字体颜色】设为【浅绿】，【字号】分别设为 80、66，如图 8-92 所示。

图 8-91　插入图片并设置格式

图 8-92　输入"绿"和"茶"

(14) 插入 004.jpg 素材文件，在【图片工具】|【格式】选项卡的【大小】选项组中将【形状高度】和【形状宽度】设为 9.33 厘米，在【图片样式】选项组中单击【其他】按钮，在弹出的下拉列表中选择【旋转，白色】样式，如图 8-93 所示。

图 8-93　设置图片格式

(15) 插入文本框，打开素材文件夹中的茶文化.txt 文本文件，选择绿茶内容复制到文本框中，将【字体】设为【隶书】，【字号】设为 16，【字体颜色】设为【黑色，文字1，淡色 25%】，并对文本框中进行适当旋转，如图 8-94 所示。

(16) 选择文本框，在【绘图工具】|【格式】选项卡的【形状样式】选项组中单击【其他】按钮，在形状样式列表中选择【浅色 1 轮廓，彩色填充——橄榄色，强调颜色 3】，如图 8-95 所示。

图 8-94　设置文字属性　　　　　　　图 8-95　设置形状样式

(17) 单击【切换】选项卡的【切换到此幻灯片】选项组中的【其他】按钮，在弹出的列表中选择【涟漪】选项，如图 8-96 所示。

(18) 切换到第 3 张幻灯片，插入 003.png 素材文件，在【图片工具】|【格式】选项卡的【大小】选项组中将【形状高度】设为 8.37 厘米，【形状宽度】设为 9.47 厘米，如图 8-97 所示。

(19) 插入两个文本框，分别输入"红"和"茶"，将【字体】设为【华文行楷】，【字体颜色】设为【深红】，【字号】分别设为 88 和 72，如图 8-98 所示。

(20) 插入 005.jpg 素材文件，在【图片工具】|【格式】选项卡的【大小】选项组中将【形状高度】设为 7.57 厘米，将【形状宽度】设为 11.4 厘米，在【图片样式】选项组中单击【其他】按钮，在其列表中选择【金色椭圆】，如图 8-99 所示。

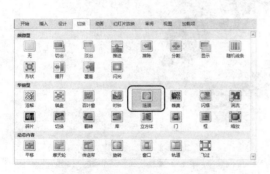

图 8-96　选择【涟漪】切换效果

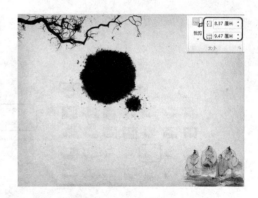

图 8-97　设置插入图片属性大小

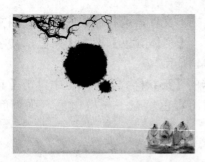

图 8-98　输入"红"和"茶"

图 8-99　设置图片样式

(21) 插入横排文本框，复制红茶的信息内容到文本框中，将【字体】设为【隶书】，
【字号】设为 16，在【绘图工具】|【格式】选项卡的【形状样式】选项组中将【形状轮
廓】设为【深红】，【粗细】设为【1.5 磅】，效果如图 8-100 所示。

(22) 在【切换】选项卡的【切换到此幻灯片】组中，单击【其他】按钮，在弹出的
列表中选择【摩天轮】样式，如图 8-101 所示。

图 8-100　设置文本框样式

图 8-101　选择【摩天轮】切换效果

(23) 切换到第 4 张幻灯片中，插入 003.png 素材文件，将其【形状高度】设为 7.71 厘
米，将【形状宽度】设为 8.72 厘米，如图 8-102 所示。

(24) 插入文本框，并在文本框中输入"黑"，将【字体】设为【华文行楷】，【字
号】设为 138，【字体颜色】设为【白色】，如图 8-103 所示。

图 8-102　插入素材图片

图 8-103　设置文字属性

(25) 将 006.png 和 010.png 素材文件添加到场景中并适当调整其大小，如图 8-104 所示。

(26) 插入文本框，在文本框中输入文字信息，将【字体】设为【隶书】，【字号】设为 16，在【绘图工具】|【格式】选项卡的【形状样式】选项组中将【形状轮廓】的颜色设为【深蓝】，【粗细】设为【1.5 磅】，【虚线】设为【短划线】，如图 8-105 所示。

图 8-104　添加素材并调整大小

图 8-105　添加文本框并设置格式

(27) 在【切换】选项卡中添加对第 4 张幻灯片添加【轨道】切换效果。

(28) 参考前 4 张幻灯片的制作方法，制作后 4 张幻灯片，如图 8-106 所示。

图 8-106　制作其他的幻灯片

附录　Office 2010 常用快捷键

Word 2010 常用快捷键大全

功　能	快　捷　键
查找文字、格式和特殊项	Ctrl+F
使字符变为粗体	Ctrl+B
为字符添加下划线	Ctrl+U
删除段落格式	Ctrl+Q
复制所选文本或对象	Ctrl+C
剪切所选文本或对象	Ctrl+X
粘贴文本或对象	Ctrl+V
撤销上一操作	Ctrl+Z
重复上一操作	Ctrl+Y
单倍行距	Ctrl+1
双倍行距	Ctrl+2
1.5 倍行距	Ctrl+5
在段前添加一行间距	Ctrl+0
段落居中	Ctrl+E
分散对齐	Ctrl+Shift+D
取消左侧段落缩进	Ctrl+Shift+M
创建悬挂缩进	Ctrl+T
减小悬挂缩进量	Ctrl+Shift+T
取消段落格式	Ctrl+Q
创建与当前或最近使用过的文档类型相同的新文档	Ctrl+N
打开文档	Ctrl+O
撤销拆分文档窗口	Alt+Shift+C
保存文档	Ctrl+S

Excel 2010 常用快捷键大全

功　能	快　捷　键
移动到工作簿中的下一张工作表	Ctrl+Page Down
移动到工作簿中的上一张工作表或选中其他工作表	Ctrl+Page Up
选中当前工作表和下一张工作表	Shift+Ctrl+Page Down
取消选中多张工作表	Ctrl+Page Down
选中当前工作表和上一张工作表	Ctrl+Shift+Page Up

功　能	快　捷　键
移动到行首或窗口左上角的单元格	Home
移动到文件首	Ctrl+Home
移动到文件尾	Ctrl+End
Word 常用快捷键大全向右移动一屏	Alt+Page Down
向左移动一屏	Alt+Page Up
切换到被拆分的工作表中的下一个窗格	F6
显示【定位】对话框	F5
显示【查找】对话框	Shift+F5
重复上一次查找操作	Shift+F4
选中整列	Ctrl+空格
选中整行	Shift+空格
选中整张工作表	Ctrl+A
用当前输入项填充选中的单元格区域	Ctrl+Enter
重复上一次操作	F4 或 Ctrl+y
向下填充	Ctrl+d
向右填充	Ctrl+r
定义名称	Ctrl+F3
插入超链接	Ctrl+k
插入时间	Ctrl+Shift+:
输入日期	Ctrl+;
显示清单的当前列中的数值下拉列表	Alt+向下键
输入日元符号	Alt+0165
关闭了单元格的编辑状态后,将插入点移动到编辑栏内	F2
在公式中,显示【插入函数】对话框	Shift+F3
将定义的名称粘贴到公式中	F3
用 SUM 函数插入【自动求和】公式	Alt+=
计算所有打开的工作簿中的所有工作表	F9
计算活动工作表	Shift+F9
删除插入点到行末的文本	Ctrl+Delete
显示【拼写检查】对话框	F7
显示【自动更正】智能标记时,撤销或恢复上次的自动更正	Ctrl+Shift+z
显示 Micrsoft Office 剪贴板(多项复制和粘贴)	Ctrl+c 再 Ctrl+c
剪切选中的单元格	Ctrl+X
粘贴复制的单元格	Ctrl+V
插入空白单元格	Ctrl+Shift++

续表

功　能	快 捷 键
显示【样式】对话框	Alt+`
显示【单元格格式】对话框	Ctrl+1
应用【常规】数字格式	Ctrl+Shift+～
应用带两个小数位的【货币】格式(负数在括号内)	Ctrl+Shift+$
应用不带小数位的【百分比】格式	Ctrl+Shift+%
应用带两位小数位的【科学记数】数字格式	Ctrl+Shift+^
应用含年，月，日的【日期】格式	Ctrl+Shift+#
应用含小时和分钟并标明上午或下午的【时间】格式	Ctrl+Shift+@
应用带两位小数位，使用千位分隔符且负数用负号(−)表示的【数字】格式	Ctrl+Shift+!
应用或取消加粗格式	Ctrl+B
应用或取消字体倾斜格式	Ctrl+I
应用或取消下划线	Ctrl+U
应用或取消删除线	Ctrl+5
隐藏选中行	Ctrl+9

PowerPoint 2010 常用快捷键大全

功　能	快 捷 键
小写或大写之间更改字符格式	Ctrl+T
更改字母大小写	Shift+F3
应用粗体格式	Ctrl+B
应用下划线	Ctrl+U
应用斜体格式	Ctrl+I
应用下标格式(自动调整间距)	Ctrl+等号
应用上标格式(自动调整间距)	Ctrl+Shift+加号
删除手动字符格式，如下标和上标	Ctrl+空格键
复制文本格式	Ctrl+Shift+C
粘贴文本格式	Ctrl+Shift+V
居中对齐段落	Ctrl+E
使段落两端对齐	Ctrl+J
使段落左对齐	Ctrl+L
使段落右对齐	Ctrl+R
全屏开始放映演示文稿	F5
执行下一个动画或前进到下一张幻灯片	N、Enter、Page Down、向右键、向下键或空格键

功　　能	快　捷　键
执行上一个动画或返回到上一张幻灯片	P、Page Up、向左键、向上键或空格键
转到幻灯片 number	number+Enter
显示空白的黑色幻灯片，或者从空白的黑色幻灯片返回到演示文稿	B 或句号
显示空白的白色幻灯片，或者从空白的白色幻灯片返回到演示文稿	W 或逗号
停止或重新启动自动演示文稿	S
结束演示文稿	Esc 或连字符
擦除屏幕上的注释	E
转到下一张隐藏的幻灯片	H
排练时设置新的排练时间	T
排练时使用原排练时间	O
排练时通过鼠标单击前进	M
重新记录幻灯片旁白和计时	R
返回到第一张幻灯片	同时按住鼠标左右键 2 秒钟
显示或隐藏箭头指	A 或 =

习 题 答 案

第 1 章

一、填空题

1. 电脑辅助设计
2. 7 位码、8 位码
3. 二进制
4. 电子管
5. EBCDIC 码、ASCII 码、ASCII 码

二、选择题

1. C　2. A　3. A　4. D　5. D　6. B　7. A　8. D

第 2 章

一、填空题

1. 睡眠
2. 移动、单击、双击、拖动、单击右键
3. 标准键区、功能键区、编辑键区、数字键区、状态指示区
4. 最小化按钮、最大化按钮、还原按钮

二、选择题

1. C　2. A　3. C　4. A

第 6 章

一、填空题

1. 局域网、城域网、广域网
2. 星形拓扑结构、环形拓扑结构、总线型结构、树形结构、网状拓扑结构
3. 专线连接、局域网连接、无线连接、电话拨号连接
4. 路由器

二、选择题

1. A　2. A　3. B　4. A　5. B

参 考 文 献

[1] 郑晓霞，方悦，李少勇. PowerPoint 2010 幻灯片实用设计处理完全自学教程[M]. 北京：北京希望电子出版社，2012.

[2] 徐慧，于海宝，李少勇. 中文版 Office 2010 入门与提高[M]. 北京：印刷工业出版社，北京希望电子出版社，2011.

[3] 王成志，王海峰，李少勇. 中文版 Office 2010 完全自学手册[M]. 北京：印刷工业出版社，北京希望电子出版社，2011.

[4] 张峰，相世强，李少勇. Windows7+Office 2010 入门与提高[M]. 北京：印刷工业出版社，北京希望电子出版社，2011.

[5] 郑艳，李少勇. Office 2010 完全自学教程[M]. 北京：印刷工业出版社，北京希望电子出版社，2011.

[6] 郑晓霞，方悦，李少勇. Office 2010 三合一标准教程[M]. 北京：中国铁道出版社，2012.

[7] 张波，于鹏，李少勇. 常用工具软件应用入门与提高(第 2 版)[M]. 北京：清华大学出版社，2010.